지리산의
야생화
약용식물 上

지리산의 야생화 약용식물 (上)

초판인쇄 | 2013년 4월 25일
초판발행 | 2013년 4월 30일

지 은 이 | 정연옥 · 곽준수 · 하태광 · 박종수
펴 낸 이 | 고명흠
펴 낸 곳 | 푸른행복

출판등록 | 2010년 1월 22일 제312-2010-000007호
주   소 | 서울 서대문구 홍은1동 455번지 벽산아파트상가빌딩 304호
전   화 | (02)3216-8401~3 / FAX (02) 3216-8404
E-MAIL | munyei21@hanmail.net
홈페이지 | www.munyei.com

ISBN 978-89-93426-84-7(14480)
       978-89-93426-83-0(전2권)

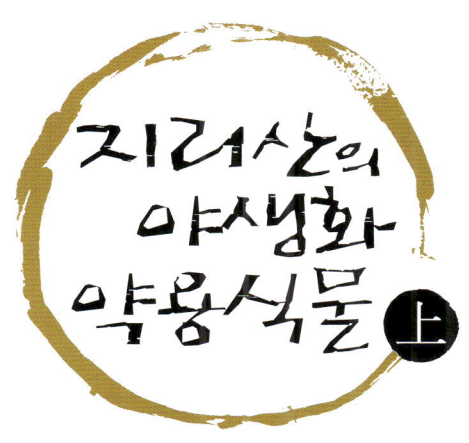

정연옥 · 곽준수 · 하태광 · 박종수 共著

푸른행복

지리산은 우리나라 국립공원 제1호로서 3개 도(경상남도, 전라남도, 전라북도)와 7개의 시·군(남원시, 장수군, 곡성군, 구례군, 하동군, 산청군, 함양군)에 걸쳐 있습니다. 봄이면 온 산의 신록이 가장 아름답고, 여름이면 깊은 계곡을 중심으로 좋은 휴양지를 선사하며, 가을에는 곱고 화려한 옷으로 온 산을 붉게 물들이는 단풍이 있고, 그 화려한 옷을 벗고 나면 지리산은 하얀 옷으로 갈아입고 은색의 설원으로 변하여 수많은 사람들에게 손짓하며 그 아름다움을 뽐냅니다.

민족의 영산이요, 민족의 성산이라 표현하는 지리산은 우리 민족의 젖줄이었으며, 그 산에 자라는 식물들은 한방 약초로도 효능이 높아, 의약서적으로서는 세계 최초로 유네스코 세계기록유산으로 지정된 허준의 『동의보감』도 이곳에서 완성되었습니다.

꽃은 바라보는 시각에 따라 다른 모습을 보여줍니다. 꽃이 피어 있을 때는 분명 야생화지만 이를 어떻게 활용하느냐에 따라 예술작품이 되기도 하고 우리의 소중한 먹거리가 되기도 하며 질병을 고치거나 예방하는 약용식물이 되기도 합니다.

수십 년간에 걸쳐 지리산에 자생하는 식물들을 공부해오면서 가장 알고 싶은 것 중의 하나가 바로 식물들의 뿌리 부분이었습니다. 식물을 공부하고 연구하는 필자에게는 매우 중요한 관심거리이고, 뿌리를 캐내어 연구하는 것도 꼭 하고 싶은 일이었지만 잘못하면 식물을 다치게 할 수 있었기에 매우 조심스러웠습니다. 하지만 많은 사람들에게 식물의 전초와 뿌리를 보여줄 수 있는 기술을 배운다면 혼자만의 공부가 아니라 여러 사람들에게 학습용으로나 볼거리로 도움이 될 수 있다는 생각을 하게 되었습니다.

마침 우리나라에서도 많은 곳에서 꽃을 눌러 보존하는 '압화(press flower, 꽃누르미)'를 하고 있다는 것을 알게 되었고, 그 이후 아주 기초적인 압화 만드는 방법부터 전문적인 기술까지 배우고 익히기를 반복한 끝에 마침내 남원 지리산생태환경공원에서 〈지리산에 자생하는 야생화〉의 압화를 전시까지 하게 되었습니다.

생각해보면 그런 결실이 있기까지는 힘든 날의 연속이었습니다. 어떤 날은 지리산에 올랐다가 꽃이 아직 피지 않아서 허탕을 치고 내려왔는가 하면, 또 어떤 날은 가장 아름다운 모습을 보고 채집할 수 있어서 세상을 다 얻은 듯 기쁘기도 하였습니다. 멸종위기식물과 특산식물을 만나면 채집하고 싶은 마음이 굴뚝같았지만, 참아야 한다는

생각으로 철저히 원칙을 지켰습니다. 이유는 간단했습니다. 식물학자가 식물을 함부로 할 수 없다는 생각이 우선되었기 때문입니다.

또한 몇몇 귀한 식물의 경우엔 의외로 많은 곳에서 종자 번식에 성공했다고 알려진 경우도 있었는데, 그런 소식이 들리면 다른 일을 제쳐두고 종자 번식처에 달려가 살아 있는 것을 어렵지 않게 구입할 수 있었습니다. 예를 들자면 해오라비난초는 지리산의 자생지는 점점 그 자리를 잃어가고 있지만 자생지에서의 실제 모습을 확인한 후 원예종으로 판매되는 것을 압화 재료로 선택하였습니다.

이렇게 하여 수년 동안 재료를 모으고 압화 만드는 작업을 하면서 식물의 전체를 볼 수 있는 기쁨을 맛볼 수 있었습니다. 물론 일부 비전공자들이나 몇몇 사람들은 그저 꽃이 핀 것을 보고 즐기면 그만이지 식물의 뿌리나 전초를 보는 것이 뭐가 그리 중요하냐고 반문하기도 했습니다. 하지만 식물의 전체를 관찰함으로써 꽃의 생김새, 잎의 배열, 줄기의 굵기 및 잔털의 유무, 뿌리의 형태가 구근으로 되어 있는지, 가는 뿌리로 되어 있는지, 직근으로 뻗어 내려가는지, 땅과 거의 붙어 있는 천근성인지를 알면 꽃을 보고 감탄하는 데 그치지 않고 식물의 유용성과 의학적인 효능을 연구하는 데에도 큰 도움이 되기 때문입니다.

이 책에는 우리나라에서 연구되어 논문으로 발표한 것이나 외국에서 유사식물을 연구한 것에서 성분 부분을 발췌하여 그 식물의 주요 성분을 표시하였습니다. 이는 최근 들어 각국에서 천연재료를 이용하여 다양한 건강상품을 만들고, 나아가 천연의약품을 만드는 데 소중한 참고자료가 될 수 있을 것으로 기대하고 있습니다.

끝으로 이 책을 완성하기까지, 연구 시간을 쪼개 원고를 다듬고 사진을 검토해주신 공동 저자분들께 감사를 드립니다. 또한 매번 어려운 숙제를 주시고 또 이를 좋은 책으로 만들어 내주시는 사장님, 주말도 반납하고 원고와 사진을 하나하나 챙겨주신 편집장님께도 깊은 감사의 인사를 드립니다.

저자 대표 씀

일러두기
explanatory notes

　　지리산은 지리학적으로 남부지방에 있으니 식물은 남반구와 북반구 식물이 공존하는 형태입니다. 학자들에 따라 다소 견해는 다르지만 우리나라에는 약 4,500여 종의 식물이 자생하고 있고 이중 약 33%인 1,500여 종이 지리산에 자생하고 있는 것으로 보고되고 있습니다.

　　또한 지리산에는 22종의 '지리' 또는 '지리산'이라는 이름이 들어간 특산식물이 자생하고 있으며, 주능선을 따라서는 중부 이북에서 자라는 식물들이 자생하고, 낮은 지역에서는 남부지방에서 자라는 식물이 주를 이룹니다.

　　이 책은 지리산 일대에서 볼 수 있는 281종의 야생화 · 약용식물을 상권과 하권으로 나누어 담았습니다. 식물명을 가나다순으로 하여 상권에는 ㉠에서부터 ㉴의 산씀바귀까지 144종이 수록되었습니다. 하권에는 ㉴의 산오이풀부터 ㉭까지 130종을 담았으며 부록으로 '지리산 특산식물' 야생화 7종이 수록되었습니다. 아울러 하권 말미에 게재한 국내외의 각종 학술논문 등은 이 책에서 설명한 야생화 · 약용식물이 가진 유용한 성분의 출처를 이해하는 데 참고자료가 될 것입니다.

　　이 책을 통해 야생화를 시각적으로 감상함은 물론 실생활에서 효과적으로 이용할 수 있도록 나물로 먹는 식물은 어린순이나 줄기 등으로 식용 부위와 식용법을 적었으며, 약용하는 것은 열매나 뿌리, 전초 등의 약용 부위와 채취법을 설명하였습니다.

CONTENTS

차례

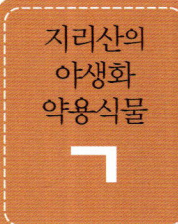

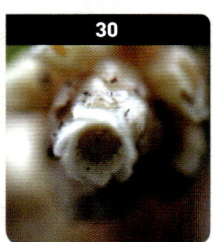

CONTENTS

CONTENTS

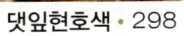

CONTENTS

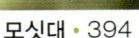

CONTENTS

CONTENTS

지리산의 야생화 약용식물

① 가늘오이풀

- ■ 이 명 : 흰오이풀, 애기오이풀, 붉은오이풀, 좁은잎오이풀
- ■ 생약명 : 지유(地楡), 백지유(白地楡), 적지유(赤地楡), 삽지유(澁地楡)
- ■ 학 명 : *Sanguisorba tenuifolia* Fisch. ex Link var. *tenuifolia*
- ■ 과 명 : 장미과
- ■ 개화기 : 7~9월

◀ 전초 압화

▶생육특성

가는오이풀은 전국의 산지에서 흔히 자라는 다년생 초본이다. 생육환경은 햇볕이 잘 들고 물 빠짐이 좋은 경사진 곳에서 자란다.

▶외형

키는 약 1m 정도이고, 잎은 타원형으로 표면은 녹색이며 뒷면은 흰빛이 돌고 가장자리에 톱니가 있으며 길이가 3~8㎝, 폭은 0.5~2㎝가량 된다. 꽃은 흰색으로, 원줄기와 가지 끝에서 핀다. 끝이 약간 처지고 털이 있으며, 길이는 3~6㎝, 폭은 1~1.2㎝가량이다.

▶꽃과 열매

꽃이 아래로 처지며 앞부분에 붉은색을 나타내는 것이 있는데 이는 수술이다. 열매는 10월경에 달리고 검은색으로 변해 꽃 부분에 그대로 달려 있다. 검게 달린 열매를 만지면 먼지처럼 날아간다.

▲ 가는오이풀_ 새순 올라오는 모습

▲ 가는오이풀_ 잎

▲ 가는오이풀_ 꽃대 올라오는 모습

▲ 가는오이풀_ 꽃

관리 및 번식요령

▶ 관리법

물 빠짐이 좋은 곳을 선정하여 심고 주변에 낙엽수가 있으면 좋다. 물은 3~4일 간격으로 주고, 잎이 많은 한여름에는 2~3일 간격으로 준다.

▶ 번식법

10월경에 달린 종자를 종이에 싸서 냉장고에 보관 후 이듬해 봄에 뿌린다. 종자가 미세하기 때문에 이끼에 날리듯 뿌리거나 모래나 상토에 뿌릴 때는 위에 모래나 상토를 얇게 덮어준다.

▶ 채취방법

이른 봄에 어린순을 채취하고, 늦가을이나 이른 봄에 뿌리를 캐서 남은 흙을 털고 바람이 잘 통하고 햇볕이 좋은 곳에 말린다.

▶ 성분 : sanguisorbigenin

▶ 식용법

이른 봄 어린순을 나물로 먹으며, 쓴맛이 강하므로 더운 물에 살짝 데친 후 먹는다.

▶ 약용부위 : 뿌리

유사 식물

오이풀

산오이풀

② 가늘참나물

- 생약명 : 양홍전(羊洪膻)
- 학 명 : *Pimpinella koreana* (Yabe) Nakai
- 과 명 : 산형과
- 개화기 : 7~8월

▶ 생육특성

가는참나물은 전국의 산에서 자라며, 숲이 많은 곳에서 자라는 다년
생 초본이다. 생육환경은 반그늘이며 습기가 많고 비옥한 토양에서 자
란다.

▶ 외형

키는 약 50~100cm이고, 잎은 아
래에서부터 좁게 빗살 모양으로
갈라져 올라온다.

▶ 꽃과 열매

꽃은 흰색으로 가지나 줄기 끝에
작은꽃들이 뭉쳐 달린다. 열매는
9~10월경에 넓은 타원형으로 달
린다.

◀ 전초 압화

▲ 가는참나물_ 새순 올라오는 모습

▲ 가는참나물_ 잎

▲ 가는참나물_ 꽃봉오리

▲ 가는참나물_ 꽃

관리 및 번식요령

▶관리법

습도가 많은 곳에서 재배하고 실내에서 키우면 웃자라기 때문에 줄기에 힘이 없어
져 키우기 어려우므로 화단에 심는다.

▶번식법

가을 또는 이른 봄에 포기나누기를 하거나 종자를 보관하였다가 이른 봄 화분에
뿌린다.

▶채취방법

이른 봄에 연한 잎을 먹는다. 나물로 먹거나 또는 묵나물로 먹어도 좋다.

▶식용법

어린순을 나물로 먹는다. 시중에 판매되는 참나물은 대부분이 '파드득나물'이라 하
여 일본에서 나물용으로 개량한 '삼엽채'이다. 이는 우리나라에 자생하는 참나물
과 유사하여 많이 판매되고 있는 품종이다. 이 품종 또한 향이 좋으므로 물에 데
친 후 먹는다.

유사 식물

참나물

③ 각시붓꽃

- 이 명 : 애기붓꽃
- 생약명 : 장미연미(長尾鳶尾)
- 학 명 : *Iris rossii* Baker var. *rossii*
- 과 명 : 붓꽃과
- 개화기 : 4~5월

▲ 전초 압화

▶생육특성

각시붓꽃은 우리나라 각처의 산지에서 자라는 다년생 초본이다. 생육환경은 햇살이 잘 들어오는 양지바른 곳에서 주로 서식하며, 큰 군락을 이루는 곳은 별로 없고 대부분 군데군데 모여 핀다.

▶외형

키는 10~20㎝이고, 잎은 길이가 약 30㎝, 폭은 약 0.2~0.5㎝로 칼처럼 휘어지고 표면은 녹색이고 뒷면은 분백색이다.

▶꽃과 열매

꽃은 보라색이며 크기는 3~4㎝로, 꽃잎 안쪽에 수술과 암술이 들어가 있고 꽃줄기 하나에 꽃이 한 송이씩 달린다. 열매는 갈색이며 6~7월경에 긴 타원형으로 달리고 안에는 광택이 나는 검은 종자가 들어 있다. 햇살이 잘 들어오는 곳에 피지만 봄이 가기 전 하고현상(여름이 되면 꽃과 잎이 땅에서 모두 없어지는 현상)이 빨리 일어나 없어지고 만다. 옮겨심기하는 것을 싫어하는 품종이어서 가급적 자생지에 그대로 보존하는 것이 좋은 품종이다.

▲ 각시붓꽃_ 새순 올라오는 모습

▲ 각시붓꽃_ 꽃봉오리

▲ 각시붓꽃_ 꽃 피기 직전

▲ 각시붓꽃_ 전초

관리 및 번식요령

▶ **관리법**

봄철 햇살이 좋은 화단에 심는다. 특히 굴광성(빛을 따라 움직이는 것)이 강한 식물이어서 화분을 돌려주면서 키워도 좋다.

▶ **번식법**

이른 봄과 가을에 포기나누기를 하며, 6~7월경에 종자를 받아서 바로 화분이나 화단에 뿌리거나 이듬해 봄에 뿌릴 때는 물속에 2~3일 정도 담근 후 뿌린다.

▶ **채취방법** : 가을에 뿌리를 채취하여 흙을 털고 햇볕에 말린다.

▶ **성분** : 전분, 지방유

▶ **약용부위** : 뿌리

유사 식물

붓꽃

금붓꽃

노랑무늬붓꽃

등심붓꽃

부채붓꽃

④ 각시취

- 이 명 : 나래취, 참솜나물, 고려솜나물, 가는각시취, 홑각시취, 나래솜나물, 민각시취, 큰잎솜나물
- 학 명 : *Saussurea pulchella* (Fisch.) Fisch.
- 과 명 : 국화과
- 개화기 : 8~10월

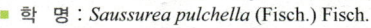

▶ 생육특성

각시취는 우리나라 각처의 산과 들에서 자라는 2년생 초본이다. 생육환경은 양지 혹은 반그늘의 풀숲에서 자란다.

▶ 외형

키는 30~150㎝이고, 뿌리에서 나온 잎은 꽃이 필 때쯤 없어지고 표면과 뒷면에는 작은 털이 있다.

▶ 꽃과 열매

꽃은 자주색이며 길이는 1~1.5㎝로 원줄기 끝과 가지 끝에서 꽃가지가 밑에 있는 것은 길고 위의 것은 짧아 거의 편평하게 달린다. 열매는 10~11월경에 달리고 자줏빛이 돌며, 길이가 0.7~0.8㎝ 정도 되는 갓털이 두 줄로 있다.

▲ 각시취_ 꽃봉오리

▲ 각시취_ 꽃

▲ 각시취_ 잎

▲ 각시취_ 꽃과 줄기

▲ 각시취_ 종자 결실

·관리 및 번식요령

▶관리법 : 토양이 비옥한 화단에 심는다. 물은 2~3일 간격으로 준다.

▶번식법 : 11월에 받은 종자를 이듬해 봄 화단에 뿌린다.

▶채취방법 : 이른 봄에 새순을 채취한다.

▶식용법 : 어린순을 더운물에 살짝 데친 후 나물로 먹는다.

⑤ 갈퀴나물

- **이　명** : 갈키나물, 녹두두미, 갈퀴덩굴, 말굴레풀, 참갈퀴, 큰갈퀴나물
- **생약명** : 산야완두(山野豌豆), 산완두(山豌豆)
- **학　명** : *Vicia amoena* Fisch. ex DC.
- **과　명** : 콩과
- **개화기** : 6~9월

▶생육특성

갈퀴나물은 각처에서 나는 다년생 초본이다. 생육환경은 햇볕이 잘 들어오는 경사지의 비옥한 곳에서 자란다.

▶외형

키는 80~180㎝이고, 잎은 어긋나고 작은잎은 길이는 1.5~3㎝, 폭은 0.4~1㎝이고 긴 타원형이거나 피침형이며, 엽축 끝에 2~3개로 갈라진 덩굴손이 있다.

▶꽃과 열매

꽃은 6~9월에 홍자색으로 한쪽으로 치우치며 피고 길이는 1.2~1.5㎝이다. 꽃받침은 종형으로 5개의 불규칙한 조각으로 갈라지며 밑부분의 것이 가장 길고 꽃받침통보다 짧거나 같다. 열매는 8~9월경에 맺고 길이 2~2.5㎝, 폭은 0.5㎝로 긴 타원형이며 검고 둥근 종자가 들어 있다. 봄에 나오는 새순을 나물로 먹는다.

◀ 전초 압화

▲ 갈퀴나물_ 잎이 전개되는 모습

▲ 갈퀴나물_ 꽃봉오리

▲ 갈퀴나물_ 꽃

▲ 갈퀴나물_ 꽃이 시드는 모습

관리 및 번식요령

▶ **관리법**

햇볕이 잘 들어오고 물 빠짐이 좋은 비옥한 토양에 심는다. 다른 식물과 경합을 많이 하기 때문에 한곳에 집단적으로 심고 다른 곳으로 퍼져나가는 것을 막는 것이 좋다. 잎이 많기 때문에 생육 초기에는 많은 물이 필요하므로 1~2일 간격으로 주고 꽃이 진 후에는 2~3일 간격으로 준다.

▶ **번식법**

9월에 받은 종자를 바로 뿌리거나 종이에 싸서 냉장고에 보관한 후 이듬해 봄에 뿌린다. 종자 발아는 잘 되기 때문에 넓은 면적에 심으려면 많이 뿌리지만 조그마한 공간이면 조금만 뿌려도 된다.

▶ **채취방법**

7~9월에 윗부분의 어린줄기와 잎을 채취하여 건조기에 넣어 말린 것을 썰어서 밀봉하여 두고 사용한다.

▶ **식용법** : 어린순은 나물로 먹는다.

▶ **약용부위** : 줄기와 잎

⑥ 감국

- 이　명 : 국화, 들국화, 선감국, 황국
- 생약명 : 야국(野菊)
- 학　명 : *Chrysanthemum indicum* Linne
- 과　명 : 국화과
- 개화기 : 9~11월

▲ 전초 압화

▶생육특성

감국은 전국의 산과 들에서 자라는 다년생 초본이다. 생육환경은 양지 혹은 반그늘의 풀숲에서 자란다.

▶외형

키는 30~80㎝이고, 잎은 길이가 3~5㎝, 폭이 2.5~4㎝이며 새의 날개처럼 깊게 갈라지고 끝에 톱니가 있다.

▶꽃과 열매

꽃은 황색으로 줄기와 가지 끝에 펼쳐지듯 뭉쳐 달리며 지름은 2.5㎝ 정도이다. 열매는 12월경에 달리고 작은 종자가 많이 들어있다.

▲ 감국_ 꽃봉오리

▲ 감국_ 잎

▲ 감국_ 꽃

▲ 감국_ 꽃(흰색)

44

▶ **관리법**

비료를 많이 필요로 하기 때문에 유기질이 많은 화단에 심는다. 심은 지 2년이 지나면 흙에 새로운 유기질을 공급해줘야 한다. 물은 2~3일 간격으로 준다.

▶**번식법**

11월에 종자를 수확하고 나서 바로 화분이나 화단에 뿌려 이듬해에 새싹을 옮겨 심거나 이듬해 봄에 땅을 파 새싹이 올라온 것을 나눈다.

▶**채취방법** : 꽃이 필 때 햇살이 들어온 오전에 꽃봉오리와 꽃을 약 30분 후 따서 햇볕에 말린다.

▶**성분** : 정유, chrysanthemin, asterin

▶**식용법** : 꽃봉오리 5~6송이를 따뜻한 물에 2~3분간 넣어 우려내 차로도 먹는다. 또한 어린잎은 물에 잘 씻은 후 생으로 나물로 먹는다.

▶**약용부위** : 잎과 꽃봉오리를 포함한 전초

산국

⑦ 감자난초

- 이　명 : 감자난, 댓잎새우난초, 감자란
- 학　명 : *Oreorchis patens* (Lindl.) Lindl
- 과　명 : 난초과
- 개화기 : 5~6월

◀ 전초 압화

▶ 생육특성

감자난초는 남부지방의 낙엽수가 많은 숲 아래에서 주로 자생하며, 생육환경은 반그늘이다. 난초과 식물이 대부분 그렇듯 다년초로, 뿌리 부분은 둥근 알뿌리로 되어 있다.

▶ 외형

키는 30~50cm로 난과 식물 가운데 큰 편에 들며, 잎은 옆에서 1~2장이 나오는데 약 30cm에 이를 만큼 큰 잎을 가지고 있다. 잎의 폭 또한 넓어 0.5~3cm가량 된다.

▶ 꽃과 열매

꽃은 황갈색이며 꽃받침이 뒤에 둘러싸고 있다. 열매는 7~8월경에 갈색으로 달리고 씨방 안에는 무수히 많은 종자가 먼지처럼 들어 있다. 감자난초의 꽃은 아래에서 위쪽으로 올라가면서 피는데 다른 난초과 식물에 비해서 크며, 숫자도 많은 편이어서 쉽게 알 수 있는 품종이다.

▲ 감자난초_ 새순

▲ 감자난초_ 꽃봉오리

▲ 감자난초_ 꽃대 올라오는 모습

▲ 감자난초_ 꽃

▲ 감자난초_ 종자 결실

·관리 및 번식요령

▶관리법

비교적 따뜻한 곳에서 자라는 습성을 가지고 있어 햇살이 강한 곳에 두면 좋다. 가을경에 잎이 지상부에서 사라지며 이때부터 물을 1주일에 한 번씩 주면서 화분의 상토가 마르지 않게 하는 것이 좋다. 또한 봄에 개화하기 전에 화분에 물이 많으면 뿌리가 상하기 쉬우므로 토양 윗부분이 마르면 물을 줘야 한다.

▶번식법

결실기는 7~8월이고 씨방이 갈색으로 변해 터지기 전 단계인 녹색에서 갈색으로 변할 때 따서 솜과 같이 수분을 잘 머금은 곳에 종자를 뿌려주면 발아율이 높다. 뿌리나누기는 해마다 옆에서 1~2개의 벌브(땅속에 숨어 있는 뿌리 부분)가 생긴 것을 나누는 것이 가장 빨리 개화시킬 수 있는 방법이다.

▶용도 : 관상용

·유사 식물

잠자리난초

⑧ 개감수

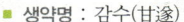

- 이 명 : 감수, 능수버들, 산감수, 산개감수, 산참대극, 좀개감수, 참대극
- 생약명 : 감수(甘遂)
- 학 명 : *Euphorbia sieboldiana* Morren & Decne.
- 과 명 : 대극과
- 개화기 : 4~6월

전초 압화 ▶

▶생육특성

개감수는 전국의 산과 들에 자라는 다년생 초본이다. 생육환경은 양지 혹은 반그늘의 토양이 비옥한 곳에서 자란다.

▶외형

키는 30~60㎝이고, 잎은 긴 타원형의 모양을 하며, 앞쪽은 녹색이지만 뒤쪽은 홍자색을 띠고 있다.

▶꽃과 열매

꽃은 녹황색이고 한 줄기에 한 개의 암꽃이 있으며 나머지는 모두 수꽃이다. 목본류에서 수꽃과 암꽃이 따로 피는 것은 많이 볼 수 있지만 초본류에서 암꽃과 수꽃이 따로 피는 것은 보기 드문 것 중의 하나이다. 열매는 9월경에 달린다. 잎을 자르면 흰 유액이 나오며, 독성이 강하므로 식용은 하지 않는다. 다른 식물들과 대별되는 가장 큰 특징은 꽃이 잎 색과 거의 유사한 색을 가졌으며 꽃 모양 또한 별 모양을 하고 있는 것이다. 큰 군락을 이룬 곳은 없지만 많이 뭉쳐서 자라는 것이 쉽게 관찰된다.

▲ 개감수_ 새순 올라오는 모습

▲ 개감수_ 새순 전개되는 모습

▲ 개감수_ 꽃봉오리

▲ 개감수_ 꽃

▲ 개감수_ 무리

▶**관리법** : 이른 봄 일찍 싹이 올라오기 때문에 햇살이 많이 들어오는 곳에 심는다. 유독성이 있는 식물이기 때문에 어린아이들이 만지지 않도록 한다.

▶**번식법** : 9월경 익은 종자를 화분에 바로 뿌리거나 이듬해 봄에 뿌린다. 종자 발아가 잘 되는 품종이고, 가을이나 봄에 뿌리에서 나오는 새순을 나누어 화분이나 화단에 심어도 좋다.

▶**채취방법** : 줄기가 고사하고 없는 늦가을이나 새순이 돋아 나오려고 하는 이른 봄 땅속에 있는 뿌리를 캐서 유황으로 훈제 후 바람이 잘 통하고 햇볕이 잘 들어오는 곳에 말린다.

▶**성분** : ellagic tannin, euphorbon, α-euphorbol, tirucallol

▶**약용부위** : 뿌리

유사 식물

대극

⑨ 개다래

- 이 명 : 개다래나무, 묵다래나무, 말다래, 못좃다래나무, 쥐다래나무, 못좃다래나무, 말다래나무,
  개다래덩굴, 쉬젓가래
- 생약명 : 목천요(木天蓼)
- 학 명 : *Actinidia polygama* (Siebold & Zucc.) Planch. ex Maxim.
- 과 명 : 다래나무과
- 개화기 : 6~7월

▶생육특성

개다래는 우리나라 각처의 100~1,500m 정도 되는 산지에서 자라는 낙엽 활엽관목이다. 생육환경은 물 빠짐이 좋은 곳에서 자란다.

▶외형

키는 5m에 달하고 작은 가지는 어릴 때 연갈색 털이 있고, 잎은 난형으로 길이는 8~14㎝, 폭은 3.5~8㎝로 어긋나고, 표면 은 처음엔 녹색이나, 꽃이 필 무렵에는 흰 색 혹은 녹색과 흰색이 같이 있으며, 씨가 맺히면 붉은색에서 다시 녹색으로 변한다.

▶꽃과 열매

꽃은 흰색으로 지름이 1.5㎝로 가지 윗부 분의 잎자루에 달리며 한 꽃줄기에서 1~3 개씩 피고 향기가 있다. 열매는 9~10월경 에 달리고 타원형이며 길이는 약 3㎝ 정 도이다. 과육은 혀가 아릴 정도이고 단맛 은 없다.

▲ 전초 압화

▲ 개다래_ 꽃봉오리와 줄기

▲ 개다래_ 꽃

▲ 개다래_ 잎 색이 변한 후의 모습

▲ 개다래_ 열매

▶ 관리법

경사지나 물 빠짐이 좋은 화단에 심는다.

▶ 번식법

새순을 이용하여 가을에 삽목하거나 이른 봄 지난해의 끝을 이용해 삽목한다.

▶ 채취방법

이른 봄에는 가지와 잎, 가을에는 뿌리와 열매처럼 생겼으나 일반 열매와는 생김새가 다른 벌레집이 붙어 있는 열매를 채취하여 바람이 잘 통하고 햇볕이 잘 들어오는 곳에 말린다.

▶ 성분 : cyclopentan

▶ 약용부위 : 가지, 잎, 뿌리, 열매

⑩ 개발나물

- 이 명 : 당개발나물, 가는개발나물, 가락잎풀
- 생약명 : 고본(藁本), 산고본(山藁本), 토고본(土藁本)
- 학 명 : *Sium suave* Walter
- 과 명 : 산형과
- 개화기 : 8~9월

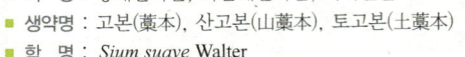

58

▶ 생육특성

개발나물은 우리나라 중부 이남 지역에서 자라는 다년생 초본이다. 생육환경은 물 빠짐이 좋고 토양 비옥도가 높은 곳의 반그늘 혹은 양지에서 자란다.

▶ 외형

키는 약 1m이고, 잎은 끝이 뾰족하고 길이가 5~15㎝, 폭은 0.7~5㎝로 가장자리에 예리한 톱니가 있으며, 위로 올라갈수록 잎이 작아진다.

▶ 꽃과 열매

꽃은 흰색이며 모여 있는 줄기는 10~20개로 이들은 각각 작게 퍼진 줄기로 갈라지고 각 10여 개의 꽃이 원줄기 끝과 가지 끝에 달린다. 열매는 10~11월경에 달리고 길이는 약 0.3㎝로 작고 둥글다.

▲ 개발나물_ 잎

▲ 개발나물_ 꽃 피기 전

▲ 개발나물_ 꽃봉오리

▲ 개발나물_ 꽃(정면)

관리 및 번식요령

▶관리법

직접 빛을 받지 않는 화단에 심는다. 약용식물로 재배하는 곳이 많다.

▶번식법

11월에 받은 종자는 보관 후 이른 봄 화단에 뿌리고, 포기나누기는 가을이나 봄에 한다.

▶채취방법

이른 봄 어린순을 채취하고, 가을에는 전초를 채취하여 바람이 잘 통하는 곳의 햇볕이 좋은 곳에서 말린다.

▶성분 : 3-butyl phthalide, cndilide

▶식용법 : 어린순은 살짝 데쳐서 나물로 먹는다.

▶약용부위 : 전초

유사 식물

감자개발나물

⑪ 개별꽃

- 이 명 : 미치광이풀, 섬개별꽃, 다화개별꽃, 들별꽃, 좀미치광이풀
- 생약명 : 태자삼(太子蔘)
- 학 명 : *Pseudostellaria heterophylla* (Miq.) Pax ex Pax & Hoffm.
- 과 명 : 석죽과
- 개화기 : 4~5월

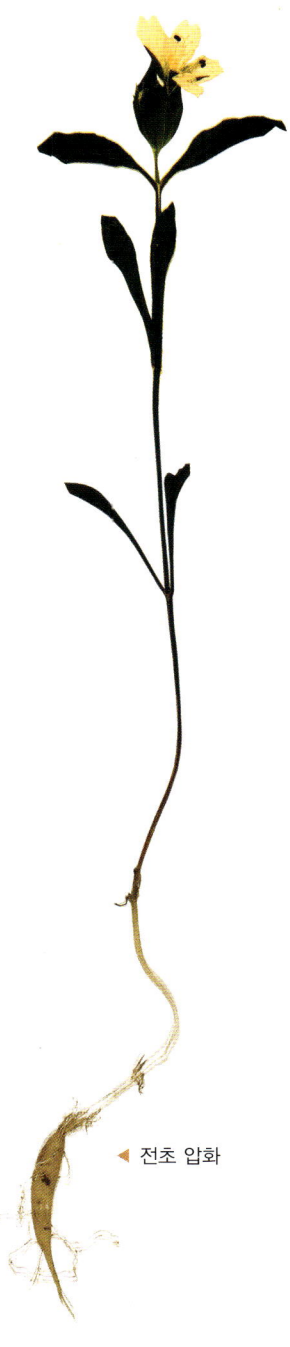

▲ 전초 압화

▶ 생육특성

개별꽃은 각처의 산과 들에서 자라는 다년생 초본이다. 생육환경은 볕이 잘 들어오는 곳이면 어디에서든지 잘 자란다.

▶ 외형

키는 8~12㎝이고, 잎은 마주나며 길이는 1~4㎝, 폭은 0.2~0.4㎝이다. 줄기는 가늘며 곧게 서고 줄로 이어진 털이 있으며 원줄기는 1~2개씩 나오며 인삼뿌리와 같은 괴경이 1~2개씩 달린다.

▶ 꽃과 열매

꽃은 흰색으로 줄기 끝에서 길이가 약 0.6㎝ 정도로 위를 향해 달리고 꽃자루는 한쪽으로 줄지어 털이 돋고 길이는 약 2~3㎝이다. 꽃받침조각은 5개, 꽃잎은 5개, 황색 꽃밥을 단 수술은 10개가 있다. 열매는 6~7월경에 둥글게 달린다.

▲ 개별꽃_ 꽃

11. 개별꽃 **63**

▲ 개별꽃_ 새순 올라오는 모습

▲ 개별꽃_ 꽃

▲ 개별꽃_ 무리

▶ **관리법** : 음지가 아니면 잘 자라는 식물이기 때문에 어느 곳에 심어도 상관없다. 번식력이 좋은 식물이기 때문에 가능한 한곳에 심어야 다른 식물에 피해를 주지 않는다.

▶ **번식법** : 6~7월에 종자를 받아 화단에 바로 뿌리거나 종자를 종이에 싸서 냉장 보관 후 이듬해 봄에 뿌린다.

▶ **채취방법** : 인삼처럼 생긴 뿌리를 채취한 그대로 햇볕에 말리거나, 깨끗하게 씻어 끓는 물에 수분간 담갔다가 건조시킨다.

▶ **성분** : ornitine

▶ **식용법** : 어린순은 나물로 먹는다.

▶ **약용부위** : 뿌리

덩굴개별꽃

별꽃

⑫ 개불알풀

- 이 명 : 지금, 봄까지꽃, 개불꽃
- 생약명 : 파파납(婆婆納)
- 학 명 : *Veronica didyma* var. *lilacina* (H. Hara) T. Yamaz.
- 과 명 : 현삼과
- 개화기 : 5~6월

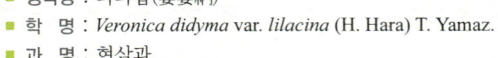

▲ 전초 압화

▶ 생육특성

개불알풀은 유럽이 원산으로 우리나라 남부의 밭이나 들에서 자라는 2년
생 초본이다. 생육환경은 빛이 잘 들어오는 곳이면 어디에서든지 자란다.

▶ 외형

키는 5~15㎝ 정도이고, 잎은 밑부분이 둥글며 길이와 폭이 각각 0.6~1
㎝로 톱니가 있다. 줄기는 부드러운 짧은 털이 있으며 밑에서부터 가지가
갈라져 옆으로 자라거나 비스듬히 선다.

▶ 꽃과 열매

꽃은 연한 홍자색으로 윗부분의 잎겨드랑이에서 달리며 수술 2개와 1개
의 암술이 있다. 열매는 8~9월경에 달걀 모양으로 달리고 종자를 싸고
있는 씨방에는 전면에 부드러운 털이 있고 중앙부에 세로로 깊은 홈이 있
으며 양끝이 둥글다. 달린 열매의 모양이 개의 불알과 유사하다고 하여
개불알풀이라 명명되었다. 전초는 말려서 약용한다.

▲ 개불알풀_ 새순 올라오는 모습

▲ 개불알풀_ 잎 뒷면

▲ 개불알풀_ 꽃봉오리 나오는 모습

▲ 개불알풀_ 꽃

관리 및 번식요령

▶관리법

키가 작은 식물이어서 화분에 심으면 좋다. 실내에서 키우면 11월이나 12월에도 한 번 더 꽃을 피우기 때문에 관상용으로 좋다. 실외에서는 군집을 이루게 하면 더욱 예쁜 모습을 볼 수 있다. 물 관리는 따로 해주지 않아도 좋을 만큼 잘 자란다.

▶번식법

9월경에 받은 종자를 바로 뿌리거나 종이에 싸서 상온이나 냉장고에 보관 후 이듬해 돋에 일찍 뿌려준다. 번식력이 좋은 품종이다.

▶성분 : mannitol

▶약용부위 : 전초

유사 식물

선개불알풀

복주머니란

⑬ 개시호

- 이 명 : 큰시호
- 학 명 : *Bupleurum longeradiatum* Turcz.
- 과 명 : 산형과
- 개화기 : 7~8월

▶ 생육특성

개시호는 제주도, 지리산, 덕유산, 경남, 강원, 경기도에 분포하는 다년생 초
본이다. 생육환경은 양지 혹은 반그늘이며 비옥도가 높은 토양에서 잘 자란다.

▶ 외형

키는 40~150㎝이며, 뿌리에서 나온 잎은 잎자루가 길며 타원형이고, 줄기에
서 나온 잎은 잎자루가 없으며 길이는 5~15㎝, 폭은 2~3.5㎝이고 뾰족하다.

▶ 꽃과 열매

꽃은 황색으로 윗부분의 잎겨드랑이와 줄기 또는 가지 끝에서 10~15개의 꽃
이 달린다. 열매는 9~10월경에 달리고 긴 타원형이다. 어린잎은 식용으로 이
용된다.

▲ 개시호_ 새순 올라오는 모습

▲ 개시호_ 꽃

▲ 개시호_ 종자 결실

▲ 개시호_ 종자 결실

관리 및 번식요령

▶**관리컵**

산지에서 약용으로 재배한다. 부엽질이 많은 토양을 선택하고 물 빠짐이 좋은 곳
에 심는다. 물은 3~4일 간격으로 준다.

▶**번식법**

10월에 결실되는 종자를 바로 화분이나 화단에 뿌리는 것이 좋고 종이에 싸서 냉
장보관 후 이듬해 봄에 뿌리면 발아율이 낮다. 이른 봄 새싹이 올라올 때 포기나
누기를 한다.

▶**채취방법**

새순이 올라오기 전 이른 봄과 종자가 결실된 가을에 지상부를 자르고 뿌리를 채
취하여 이물질을 제거하고 햇볕에 말린다.

▶**성분**

acetylbupleurotoxin, chikusaikoside Ⅰ, 17–Hydroxy–7, 9, 13–diyn–4,
15–heptadecatriene–11

▶**식용법**: 어린순을 나물로 한다.

▶**약용부위** : 뿌리

유사 식물

시호

14 개잠자리난초

- 학 명 : *Habenaria cruciformis* Ohwi
- 과 명 : 난초과
- 개화기 : 8월

▲ 전초 압화

▶생육특성

개잠자리난초는 중부 이남의 산지 습지에서 자라는 다년생 초본이다. 생육환경은 물기가 많고 물이 약간 고여 있거나 이탄토층이 많이 발달한 습지의 약간 그늘진 곳에서 자란다.

▶외형

키는 약 70㎝ 내외이고, 잎의 길이는 5~7㎝, 폭은 0.5㎝가량이며 뿌리에서 발달한 줄기를 따라 올라오고 뾰족하다.

▶꽃과 열매

꽃은 흰색이고, 길이는 약 1㎝ 내외이다. 가운데 잎 2장이 위를 향해 있으며 뒤쪽은 병풍 모양으로 둘러싸고 가는 줄기가 아래로 '+'자 모양으로 있으며 양쪽으로는 가늘게 2~3갈래로 갈라지고 수술 2개가 안에 있다. 열매는 10월경에 갈색으로 긴 타원형으로 달리며 안에는 많은 종자가 들어 있다. 주로 관상용으로 사용한다.

▲ 개잠자리난초_ 꽃봉오리

▲ 개잠자리난초_ 꽃(정면)

▲ 개잠자리난초_ 꽃 시드는 모습

▲ 개잠자리난초_ 꽃 시든 모습

▶관리법

습한 곳에서 자라는 식물이기 때문에 작은 연못 주변이나 물이 잘 빠지지 않는 화분에 심어 관리하면 좋다. 이 식물은 동자꽃, 노루오줌, 습지에서 자라는 사초류와 같은 식물과 잘 살기 때문에 이들 식물과 혼식을 해도 좋다.

강한 햇볕이 들어오는 곳보다는 다른 식물에 의해 한번 햇볕이 차단된 간접광을 받는 곳에 심으면 생육에 훨씬 좋다.

▶번식법

9월경에 씨방이 다 터지지 않고 푸른 상태를 유지하면서 약간 갈변하려고 하는 시점이 적기이다. 씨방이 갈색으로 변하면 종자 발아율이 떨어지기 때문이다. 이렇게 받은 종자는 이끼를 밑에 깔고 위에 먼지와 같은 종자를 뿌려줘야 한다.

다음으로 수분이 잘 유지될 수 있게 비닐이나 신문지를 이용하여 위를 덮어주고 10~15일이 지난 후 열어 바람이 잘 통하게 해준다. 어린 싹을 무리하게 옮기면 벌브(뿌리 부분)가 다쳐 식물이 고사하는 원인이 되기 때문에 이끼를 잘 분리하여야 한다.

▶용도 : 관상용

잠자리난초

해오라비난초

⑮ 개회향

- 이 명 : 돌회향, 산회향
- 생약명 : 야회향(野茴香)
- 학 명 : *Ligusticum tachiroei* (Franch. & Sav.) M. Hiroe & Constanc
- 과 명 : 산형과
- 개화기 : 7~8월

▶ **생육특성**

개회향은 우리나라 각처의 깊은 산 바위틈에서 자라는 다년생 초본이다. 생육환경은 주변습도가 높고 반그늘이며 주변에 물기가 많은 바위틈에서 자란다.

▶ **외형**

키는 10~30cm이고, 뿌리에서 자란 잎은 약 20cm 정도이고, 잎몸은 3~4회 정도 깃털 모양으로 갈라진다. 뿌리는 굵고 깊이 파고들며 줄기는 곧추선다.

▶ **꽃과 열매**

꽃은 흰색으로 원줄기나 가지 끝에 여러 송이가 뭉쳐서 핀다. 열매는 9~10월경에 타원형으로 달리고 날개 같은 능선이 있다.

전초 압화 ▶

▲ 개회향_ 잎

▲ 개회향_ 꽃

▲ 개회향_ 종자 결실

▲ 개회향_ 무리

▶관리법

서늘한 곳에서 자라는 품종이어서 바람이 잘 들어오는 곳에 물 빠짐을 좋게 한 후 퇴비를 넣고 심는다. 키가 작은 식물이므로 화단의 경우 앞부분에 심어서 관리하는 것이 좋다. 물은 2~3일 간격으로 준다.

▶번식법

10월경에 달린 종자를 받아 바로 뿌리는 것이 좋다. 이 품종은 보관 후 이듬해 뿌리면 발아율이 낮아지기 때문이다.

▶채취방법

가을에 완전히 익은 종자를 채취하여 바람이 잘 통하고 햇볕이 좋은 곳에서 말린다.

▶성분 : anethol, d-enchon, d-pinene, anisaldehyde, linoleid acid

▶약용부위 : 종자

⑯ 겨우살이

- 이 명 : 겨우사리, 붉은열매겨우사리
- 생약명 : 곡기생(槲寄生), 상기생(桑寄生)
- 학 명 : *Viscum album* var. *coloratum* (Kom.) Ohwi
- 과 명 : 겨우살이과
- 개화기 : 4월

▶ 생육특성

겨우살이는 참나무, 팽나무, 물오리나무, 밤나무 및 자작나무에 기생하는 상록
활엽관목이다. 생육환경은 나뭇가지가 약하게 상처를 입은 부위나 갈라진 틈에
서 자라며 주변습도가 높은 곳에서 잘 자란다.

▶ 외형

잎은 길이가 3~6㎝, 폭은 0.6~1.2㎝로 가지 끝에서 마주나고 짙은 녹색이며
두텁다. 줄기는 둥글게 자라며 전체 지름이 약 1m에 달하는 것도 있을 만큼 잘
자라고, 전체적으로 털이 없고 매끈하다.

▶ 꽃과 열매

꽃은 가지 끝에 노란색으로 달리고 암수딴그루로 꽃조각은 4개로 갈라진다. 열
매는 8~10월경에 지름이 약 0.6㎝ 정도로 달리며 반투명하고 과육은 점성이
강하다.

▲ 겨우살이_ 잎과 줄기

▲ 겨우살이_ 잎과 줄기

▲ 겨우살이_ 줄기 단면

▲ 겨우살이_ 열매

·관리 및 번식요령

▶관리법

재배할 수 없는 품종이며 자연에서 모든 개체를 얻을 수 있다.

▶번식법

특정 식물에 기생하므로 따로 번식법은 알려져 있지 않다.

▶채취방법

줄기가 완전히 시든 가을이나, 새순이 올라오기 전 이른 봄에 채취하여 햇볕에 말리고 약재로 쓰기에 앞서 잘게 썬다.

▶성분

rhamnetin, quercetin, rhamnocitrin, kaempferol

▶약용부위

이른 봄이나 겨울에 가지와 잎을 약재로 사용

17 계요등

- 이 명 : 우단계요등, 털계뇨등
- 생약명 : 계뇨등(鷄尿藤), 계시등(鷄屎藤)
- 학 명 : *Paederia scandens* var. *velutina* (Nakai) Nakai
- 과 명 : 꼭두서니과
- 개화기 : 7~9월

전초 압화 ▶

▶ 생육특성

계요등은 충청 이남의 산지에서 자라는 덩굴성 식물이다. 생육환경은 산지의 양지바른 곳이나 골짜기에 자생한다.

▶ 외형

덩굴 길이는 5~7m가량으로 긴 편이며, 잎의 길이는 5~12cm, 폭은 1~6cm로 잎 끝은 약간 뾰족하며 난형이다.

▶ 꽃과 열매

꽃은 흰색이며 길이는 1~1.5cm, 폭은 0.4~0.6cm이고 둥근 안쪽에는 자주색이 선명하게 있다. 열매는 9~10월경에 둥글게 황갈색으로 달리고 지름은 0.5~0.6cm 정도이다. 계요등은 냄새가 나기 때문에 쉽게 발견할 수 있지만 꽃의 모양이 특이하고 또 흰 바탕에 자주색이 들어가 있어서 알아보기 쉽다. 다른 식물을 감고 올라가는 특성을 가지고 있기 때문에 처음에 덩굴식물이라는 것을 모르면 다른 식물로 자칫 오해할 수 있기 때문에 꽃의 특성을 잘 알아야 한다. 관상용으로 쓰이며 줄기와 잎은 약용된다.

▲ 계요등_ 잎

▲ 계요등_ 꽃봉오리

▲ 계요등_ 꽃무리

▲ 계요등_ 덩굴과 꽃무리

▲ 계요등_ 종자 결실

관리 및 번식요령

▶ **관리법**

화분에 심을 때는 줄이나 막대기로 길게 유인해주어야 한다. 그래야 덩굴을 감고
올라가 꽃을 피울 수 있기 때문이다. 화분이나 화단 어느 곳에 심어도 좋다. 물은
2~3일에 한 번 준다.

▶ **번식법**

봄이나· 가을에 삽목을 하고 10월에 익은 종자를 바로 화분이나 화단에 뿌리거나
이듬해 봄에 뿌린다.

▶ **채취방법**

이른 봄 새순을 채취하여 바람이 잘 통하는 곳에서 말리고, 뿌리는 잎과 줄기가
시든 가을이나 겨울에 캐서 흙을 털어내고 썰어 햇볕에 말린다.

▶ **성분** : paederoside, scandoside, asperuloside

▶ **식용법** : 이른 봄 새순을 말리거나 나물로 먹는다.

▶ **약용부위** : 뿌리, 지상부 전초

18 고려엉겅퀴

- 이 명 : 독깨비엉겅퀴, 도깨비엉겅퀴, 곤드래, 구명이
- 학 명 : *Cirsium setidens* (Dunn) Nakai
- 과 명 : 국화과
- 개화기 : 7~10월

◀ 전초 압화

▶ 생육특성

고려엉겅퀴는 우리나라 각처의
산에서 자라는 다년생 초본이다.
생육환경은 토양 비옥도에 관계
없이 양지 또는 반그늘에서 자란
다.

▶ 외형

키는 약 1m까지 자라고, 잎은 길
이가 15~35㎝로 표면은 녹색이
며, 뒷면은 흰색으로 가장자리에
톱니가 있고 뿌리에서 나온 잎과
밑부분에서 자란 잎은 꽃이 필 때
말라죽는다.

▶ 꽃과 열매

꽃은 자주색으로 줄기나 가지 끝
에 1개가 달리고 지름은 3~4㎝이
다. 열매는 10~11월경에 긴 타원
형으로 달리고, 길이는 약 0.4㎝
정도이고, 갓털은 갈색이며 길이
가 1.1~1.6㎝이다.

▲ 고려엉겅퀴_ 잎

▲ 고려엉겅퀴_ 꽃봉오리

▲ 고려엉겅퀴_ 꽃

▲ 고려엉겅퀴_ 종자 결실

▶관리법

햇볕이 강하면 잎 끝이 타는 현상이 생기므로 반그늘이 지는 화단에 심는다. 물은 1~2일에 한 번 주며 물기가 많으면 잎이 연해지기 때문에 물 빠짐이 좋은 곳에서는 하루에 한 번 준다.

▶번식법

가을에 뿌리를 나누거나 종자를 받으면 바로 화단에 뿌리거나 혹은 종이에 싸서 냉장보관하여 이듬해 봄에 뿌려준다. 발아율이 높기 때문에 뿌리나누기보다는 종자 번식이 좋다.

▶채취방법

이른 봄 어린순을 채취하여 햇볕에 말려 묵나물로 이용하기도 한다.

▶식용법

어린순을 채취하여 나물로 먹기도 하고 강원도에서는 묵나물로 만들어 보관하면서 밥에 이를 올려 '곤드레밥'이라는 지역 특산물로 판매하고 있기도 하다.

· 유사 식물

엉겅퀴

바늘엉겅퀴

흰고려엉겅퀴

⑲ 고본

- 이 명 : 고번
- 생약명 : 고본(藁本)
- 학 명 : *Angelica tenuissima* Nakai Umbelliferae
- 과 명 : 산형과
- 개화기 : 8~9월

▶ 생육특성

고본은 우리나라의 깊은 산에서 나며 가야산, 대둔산, 지리산, 제주, 경기(광릉, 천마산), 평북, 함남, 함북에 나는 다년생 초본이다. 생육환경은 공중습도가 높은 곳의 바위틈이나 경사지 반그늘이 된 곳에서 자라며 물 빠짐이 좋고 부엽질이 많은 토양에서 자란다.

▶ 외형

키는 30~80㎝이고, 뿌리에서 나온 잎과 밑부분 잎은 잎자루가 길고 3회 깃꼴 모양으로 갈라지며 가늘게 갈라진 것은 부채꼴이다. 줄기는 전체에 털이 없고 향기가 강하며 뿌리는 복수초근이라 한다.

▶ 꽃과 열매

꽃은 원줄기 끝과 가지 끝에 꽃대의 끝에서 많은 꽃이 방사형으로 나와서 끝마디에 꽃이 하나씩 붙어 흰색으로 달린다. 꽃받침잎은 끝을 잘라낸 것처럼 밋밋하고 꽃잎은 5개로 도란형이며 안으로 굽고 자방은 녹색이며 길이가 0.5~1.5㎝의 타원형이고 수술은 5개, 꽃밥은 자주색이다. 열매는 가장자리에 날개가 있으며 길이 약 0.4㎝의 편평한 타원형으로 9~10월경에 달린다.

▲ 고본_ 새순 올라오는 모습

▲ 고본_ 잎 사이로 꽃봉오리 나오는 모습　　　▲ 고본_ 꽃봉오리

▲ 고본_ 꽃

▶ **관리법**

고산지역에서 생장하는 품종이어서 재배하기가 쉽지 않다. 화단이나 화분에 심을 때는 부엽질이 풍부한 토양을 선정하고 바람이 잘 통하며 반그늘인 곳에 심어 관리하면 된다. 물은 2~3일 간격으로 준다.

▶ **번식법**

10월경에 받은 종자를 바로 뿌리거나 종이나 솜에 싸서 수분 증발을 억제시키고 냉장고에 보관 후 이듬해 봄에 일찍 뿌린다. 종자 발아율은 낮은데 이는 종피를 둘러싸고 있는 물질 때문인 것으로 생각된다. 발아율을 높일 수 있는 방법은 물에 2~3일 정도 넣어 종자를 불린 후 뿌리는 것이다.

▶ **채취방법** : 새순이 올라오는 이른 봄과 줄기가 시든 가을에 뿌리를 채취하여 햇볕에 갈린다.

▶ **성분** : β-sitosterol, isoimperatorin, socrose, cnidilide

▶ **약용부위** : 뿌리

개회향

㉑ 고추나물

- 생약명 : 소연교(小蓮翹)
- 학 명 : *Hypericum erectum* Thunb.
- 과 명 : 물레나물과
- 개화기 : 7~8월

◀ 전초 압화

▶생육특성

고추나물은 전국의 산과 들에서 자라
는 다년생 초본이다. 생육환경은 주
변에 습기가 많고 양지 혹은 반그늘
에서 잘 자란다.

▶외경

키는 20~60cm이고, 줄기는 둥글고
가지가 갈라지며 자란다. 잎의 길이
는 2~6cm, 폭은 0.7~3cm이고, 끝부
분이 둔한 모양을 한 피침형이다.

▶꽃과 열매

꽃은 노란색으로 가지 끝에서 뭉쳐
서 달리고 지름은 1.5~2cm 정도이
다. 열매는 10월경 달걀 모양으로 달
리고 안에는 많은 종자가 들어 있다.
이른 봄 순이 올라오는 모습은 부드
러운 채소와 같은 모양을 하고 있어
나물로 많이 먹고 있으며, 고추나물
이라는 이름은 꽃이 진 후 종자 결실
과정에서 마치 붉은색의 고추가 하늘
을 보고 있는 듯한 데서 유래한 것이
아닌가 한다. 어린순은 식용, 성숙한
것은 약용으로 쓰인다.

▲ 고추나물_ 잎 올라오는 모습

▲ 고추나물_ 꽃

▲ 고추나물_ 종자 결실

관리 및 번식요령

▶ **관리법** : 화단의 양지바른 곳이면 어디에서나 잘 자란다. 잎이 크지 않기 때문에 2~3일에 한 번 물을 준다.

▶ **번식법** : 10월경 익은 종자를 바로 화단에 뿌리거나 이듬해 봄에 일찍 뿌린다.

▶ **채취방법** : 이른 봄 어린순을 채취하고 가을에는 종자를 받는다.

▶ **식용법** : 어린순을 생으로 먹거나 끓인 물에 살짝 데친 후 나물로 먹는다.

▶ **약용부위** : 어린순과 전초

유사 식물

좀고추나물

㉑ 끌등끌나물

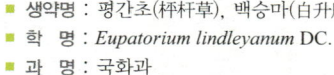

- 이 명 : 벌등골나물, 띄등골나물, 샘등골나물, 새골등골나물, 세별등골나물
- 생약명 : 평간초(秤杆草), 백승마(白升麻)
- 학 명 : *Eupatorium lindleyanum* DC.
- 과 명 : 국화과
- 개화기 : 7~10월

▲ 전초 압화

▶생육특성

골등골나물은 우리나라 각처의 산과 들에서 자
라는 다년생 초본이다. 생육환경은 양지 혹은
반그늘의 척박하거나 비옥한 땅 모두에서 잘
자란다.

▶외형

키는 70㎝ 정도이며 줄기에는 거친 털이 많이
나 있다. 잎은 피침형이다. 잎은 길이가 6~12
㎝, 폭은 0.8~2㎝이고 양면에는 털이 있으며,
아래에서 3갈래로 갈라지고 가운데 잎만 크고
나머지는 작으며 불규칙한 톱니가 나 있다.

▶꽃과 열매

꽃은 연한 자주색이며 지름은 6~9㎝ 정도이고
줄기 끝에 조그마한 꽃들이 뭉쳐 달린다. 열매
는 10~11월경에 원추형으로 달리고 종자 끝에
는 흰색 갓털이 있다.

▲ 골등골나물_ 잎

▲ 골등골나물_ 꽃 피기 전    ▲ 골등골나물_ 꽃(측면)

▲ 골등골나물_ 꽃(정면)

▲ 골등골나물_ 전초

관리 및 번식요령

▶**관리법**

어느 곳에 심더라도 잘 자라는 식물이고, 화분보다는 화단에 심으며, 물은 2～3일 간격으로 준다.

▶**번식법**

10～11월에 종자를 받아 보관 후 이듬해 봄 화단에 뿌리거나 이른 봄에 뿌리나누기를 한다.

▶**채취방법**

이른 봄 어린순을 채취하고, 여름과 가을에 뿌리를 포함한 전초를 채취하여 햇볕에 말린다.

▶**성분** : hipperin, alkaloid, oil, coumarin

▶**약용부위** : 뿌리를 포함한 전초

유사 식물

등골나물

㉒ 골무꽃

- 생약명 : 한신초(韓信草), 대력초(大力草), 이공초(耳珙草)
- 학　명 : *Scutellaria indica* L.
- 과　명 : 꿀풀과
- 개화기 : 5~6월

전초 압화 ▶

▶ 생육특성

골무꽃은 우리나라 중부 이남의 산과 들에 자라는 다년생 초본이다. 생육환경은 부엽질이 풍부한 반그늘에서 잘 자란다.

▶ 외형

키는 약 20~30㎝ 정도이며, 잎은 넓은 난형으로 되어 있고 길이는 약 2㎝ 정도이다.

▶ 꽃과 열매

꽃은 자주색으로 피며 줄기 상단부에서 꽃대가 나와서 아래에서 위쪽으로 올라가며 핀다. 꽃 길이는 약 3~5㎝가량 되며 폭은 0.7~1㎝ 정도이다. 꽃은 앞부분은 넓지만 뒤쪽으로 오면서 좁아지는 특성을 가지고 있다.

열매는 7~8월경에 작은 원추형으로 달리고 안에는 약 0.1㎝ 정도 되는 종자가 들어 있다. 골무꽃의 종류는 그늘골무꽃, 흰골무꽃, 연지골무꽃, 좀골무꽃, 광릉골무꽃, 참골무꽃 등으로 다양한데 대부분 잎과 꽃을 보고 구분한다.

▲ 골무꽃_ 새순

▲ 골무꽃_ 꽃봉오리

▲ 골무꽃_ 꽃 활짝 핀 모습

▲ 골무꽃_ 종자 결실

▲ 골무꽃_ 흰골무꽃   ▲ 골무꽃_ 산골무꽃

관리 및 번식요령

▶ **관리법** : 화분에 심을 때는 퇴비를 많이 넣고 배수가 잘 되게 심는 것이 좋다. 공기가 잘 통하는 곳에 두고 꽃이 지면 화분을 화단이나 햇볕이 많이 들어오는 곳에 둔다.

▶ **번식법** : 종자가 익은 9월경에 받아 화분이나 화단에 바로 뿌리거나 남은 종자를 종이에 싸서 냉장보관하여 이듬해 봄에 뿌리면 된다.

▶ **채취방법** : 이른 봄 어린순을 채취하고 꽃이 있을 때 전초를 채취하여 바람이 잘 통하고 햇볕이 좋은 곳에서 말린다.

▶ **성분** : woogonin, scutellarein, flavonoid, amini acids

▶ **식용법** : 어린순을 나물로 먹는다.

▶ **약용부위** : 전초

유사 식물

광릉골무꽃

㉓ 곰취

- 이　명 : 왕곰취, 큰곰취
- 생약명 : 웅소(熊蔬), 호로칠(葫蘆七)
- 학　명 : *Ligularia fischeri* (Ledeb.) Turcz.
- 과　명 : 국화과
- 개화기 : 7~9월

▶생육특성

곰취는 우리나라 각처의 깊은 산에서 자생하는 숙근성 다년생 초본으로 관화식물이다. 생육환경은 산에 물기가 많은 곳에서 주로 자란다.

▶외형

키는 1~2m 정도이다. 잎은 심장형이며 길이는 약 30~35㎝, 폭은 40㎝가량이다. 잎 가장자리에는 규칙적인 톱니가 있으며, 잎 표면은 녹색이고 뒷면은 엷은 녹색을 하고 있다.

◀ 전초 압화

▶꽃과 열매

꽃은 노란색이며 지름은 약 4~5㎝ 정도이고, 잎 가운데 줄기에서 자주색을 띤 꽃대가 올라온다. 줄기에는 3~4장의 잎이 달려 있다. 열매는 10월경에 원통형으로 달리고, 종자에는 갈색 혹은 갈자색의 갓털이 있다. 웰빙시대에 쌈으로 먹는 것에서 빠질 수 없는 식물 가운데 하나이지만 너무 많은 훼손으로 인해 지금은 자생지 보호가 절실한 식물군 중의 하나이다. 관상용으로 이용되며 어린잎은 식용, 뿌리줄기와 잔뿌리는 약용으로 쓰인다.

▲ 곰취_ 꽃 피기 전

▲ 곰취_ 꽃봉오리(상단부)와 꽃

▲ 곰취_ 꽃

▲ 곰취_ 종자 결실

▶**관리법** : 가능한 한 반그늘이나 음지의 화단을 택해서 심어야 한다. 강한 빛을 보면 잎이 억세어지기 때문에 식용에 적합하지 않게 된다. 물은 잎이 많이 올라오는 시기인 늦은 봄에는 하루 간격으로 준다.

▶**번식법** : 10월경에 열리는 종자를 바로 화단에 뿌리거나, 이른 봄 포기나누기를 한다.

▶**채취방법** : 여름에 꽃이 핀 상태, 또는 꽃이 시들고 줄기가 있는 가을에 채취하며 채취한 것은 이물질을 제거하고 바람이 잘 통하고 햇볕이 잘 들어오는 곳에서 말린다.

▶**성분** : isopentenic acid, ligularone, liguloxide, liguloxidol, liguloxidol acetate

▶**식용법** : 어린순은 생채로 이용하며 음력 5월 단오 이후에는 독성이 나오기 때문에 생채로는 먹지 않으며, 성숙한 식물체는 데쳐서 독성을 제거한 후 나물 등으로 이용한다.

▶**약용부위** : 뿌리 또는 뿌리줄기

동의나물

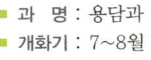

㉔ 과남풀

- **이 명** : 칼잎용담, 북과남풀, 초룡담, 큰용담
- **생약명** : 용담(龍膽)
- **학 명** : *Gentiana triflora* var. *japonica* (Kusn.) H. Hara
- **과 명** : 용담과
- **개화기** : 7~8월

◀ 전초 압화

▶ 생육특성

과남풀은 우리나라 전역의 깊은 산에서 자라는 다년생 초본이다. 예전에 '칼잎용담'으로 불렸는데, 잎이 마치 칼처럼 생겨서 그런 이름이 붙었다. 생육환경은 물 빠짐이 좋은 반그늘 혹은 양지의 풀숲에서 자란다.

▶ 외형

키는 약 30~80㎝ 정도이고, 잎은 긴 타원형으로 뾰족하며 마주난다.

▶ 꽃과 열매

꽃은 하늘색 또는 보라색의 종 모양으로 줄기 끝이나 잎겨드랑이에 여러 송이가 달린다. 열매는 10~11월경에 달리고 갈색으로 된 씨방에는 먼지처럼 작은 종자가 많이 들어 있다.

▲ 과남풀_ 새순 올라오는 모습

▲ 과남풀_ 시든 모습

관리 및 번식요령

▶ **관리법**

화분이나 화단의 흙 속에 유기질을 많이 넣어두면 꽃봉오리가 많아지고 튼튼하게
자란다. 직접 빛을 받는 곳에서는 잎 끝이 타는 현상이 발생하므로 유의해야 한다.

▶ **번식법**

봄에 올라오는 줄기를 5~6월경에 잘라 삽목하거나, 이른 봄에 포기나누기를 한
다. 종자는 씨방에 먼지처럼 들어 있기 때문에 꽃 한 송이에서 얻는 종자가 굉장
히 많다.

▶ **채취방법**

이른 봄 새순이 올라오기 전이나 지상부가 시든 늦가을에 뿌리를 채취하여 이물질
을 제거하고 햇볕에 말린다.

▶ **성분** : gentiopicrin, gentianine, gentianose, swertiamarin

▶ **약용부위** : 뿌리

유사 식물

용담

비로용담

산용담

㉕ 광대나물

- 이 명 : 작은잎꽃수염풀, 긴잎광대수염
- 생약명 : 보개초(寶蓋草)
- 학 명 : *Lamium amplexicaule* L.
- 과 명 : 꿀풀과
- 개화기 : 4~5월

◀ 전초 압화

▶ 생육특성

광대나물은 우리나라 각처의 밭이나 길가에서 자라는 2년생 초본이다.
생육환경은 햇살이 많이 드는 양지쪽에서 비교적 잘 자란다.

▶ 외형

키는 10~30㎝가량 되며, 줄기는 네모지며 자줏빛이 돈다. 잎은 둥근 모
양을 하고 있으며, 지름은 1~2㎝ 정도이다. 꽃은 붉은색이며, 잎겨드랑
이에 여러 송이의 꽃이 붙어 돌려 난 것처럼 보인다.

▶ 꽃과 열매

꽃 지름은 약 0.7~1.2㎝ 정도이고 길이는 2~3㎝ 정도 된다. 열매는
7~8월경에 계란 모양으로 달린다. 이른 봄 집 주변에서 가장 많이 볼
수 있는 종이다.

▲ 광대나물_ 새순

▲ 광대나물_ 무리

▲ 광대나물_ 꽃

▶ 관리법 : 음지, 양지의 구분 없이 잘 자라는 식물이지만 햇살이 잘 들어오는 곳에 심는 것이 좋다. 화분이나 화단에 심어 관리해도 좋다.

▶ 번식법 : 2년초이기 때문에 종자로만 번식한다. 8월경에 종자를 받아 이듬해 봄에 화단에 뿌리면 많은 개체를 얻을 수 있다.

▶ 채취방법 : 이른 봄 새순이 올라올 때 새순을 채취하고, 여름에는 새로 나온 잎이나 전초를 채취한다.

▶ 성분 : lamioside, lamiol, ipolamiide, lamide

▶ 식용법 : 봄부터 초여름까지는 새로 나온 연한 잎과 줄기 윗부분에 새로 돋아나는 어린순을 나물로 먹는다.

▶ 약용부위 : 전초

· 유사 식물

자주광대나물

26 광대수염

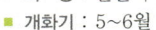

- 이 명 : 산광대, 꽃수염풀
- 생약명 : 야지마(野芝麻)
- 학 명 : *Lamium album* var. *barbatum* (Siebold & Zucc.) Franch. & Sav.
- 과 명 : 꿀풀과
- 개화기 : 5~6월

전초 압화 ▶

▶ 생육특성

광대수염은 우리나라 각처의 산과 들에서 자라는 다년생 초본이다. 생육환경은 토양의 비옥도에 관계없이 잘 자라며 약간 그늘진 곳에서 자란다.

▶ 외형

키는 약 30~60㎝ 정도이며 줄기는 네모지고 잔털이 나 있다. 잎은 난형이며 길이는 5~10㎝, 폭은 3~8㎝이고, 끝이 약간 뾰족하고 가장자리에 톱니가 있다.

▶ 꽃과 열매

꽃은 흰색 혹은 연한 홍자색으로 줄기가 올라오면서 잎이 전개되는 가운데에서 5~6송이의 꽃이 뭉쳐서 핀다. 열매는 7~8월경에 달린다. 꽃을 앞에서 보면 잔털이 나 있으면서 잎을 벌리고 있는 모양을 하고 있다.

▲ 광대수염_ 새순

▲ 광대수염_ 꽃봉오리 올라온 모습

▲ 광대수염_ 꽃

▲ 광대수염_ 꽃 시드는 모습

▶관리법

햇살이 많이 드는 창가에 화분으로 만들거나 화단에 심어도 좋다. 내부 온도가 따뜻하면 5월부터 9월까지도 개화하는 특성을 가지고 있다.

▶번식법

8월경에 익은 종자를 바로 화분에 뿌리거나 종자를 신문지나 화장지 같은 종이에 싸서 보관하고 있다가 이듬해 2월경에 뿌려 종자 발아시킨 후, 화분이나 화단에 옮겨심기하면 된다.

▶채취방법

이른 봄 어린순을 채취하고, 5~6월경에 꽃이 달린 것도 전초를 채취하여 그늘에서 말린다.

▶성분

정유, monoterpene, isopqercitrin, quercimeritrin, kaempferol, lamioside, rutin, choline, chlorogenic acid, caffeic acid

▶식용법 : 어린잎은 맛이 담백하여 나물로 좋다.

▶약용부위 : 전초

호광대수염

㉗ 괭이밥

- 이　명 : 괭이밥풀, 선괭이밥, 선시금초, 선괭이밥풀, 눈괭이밥, 덤불괭이밥, 시금초, 괴싱이, 외풀
- 생약명 : 시금초, 초장초(醋漿草)
- 학　명 : *Oxalis corniculata* L.
- 과　명 : 괭이밥과
- 개화기 : 5~8월

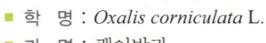

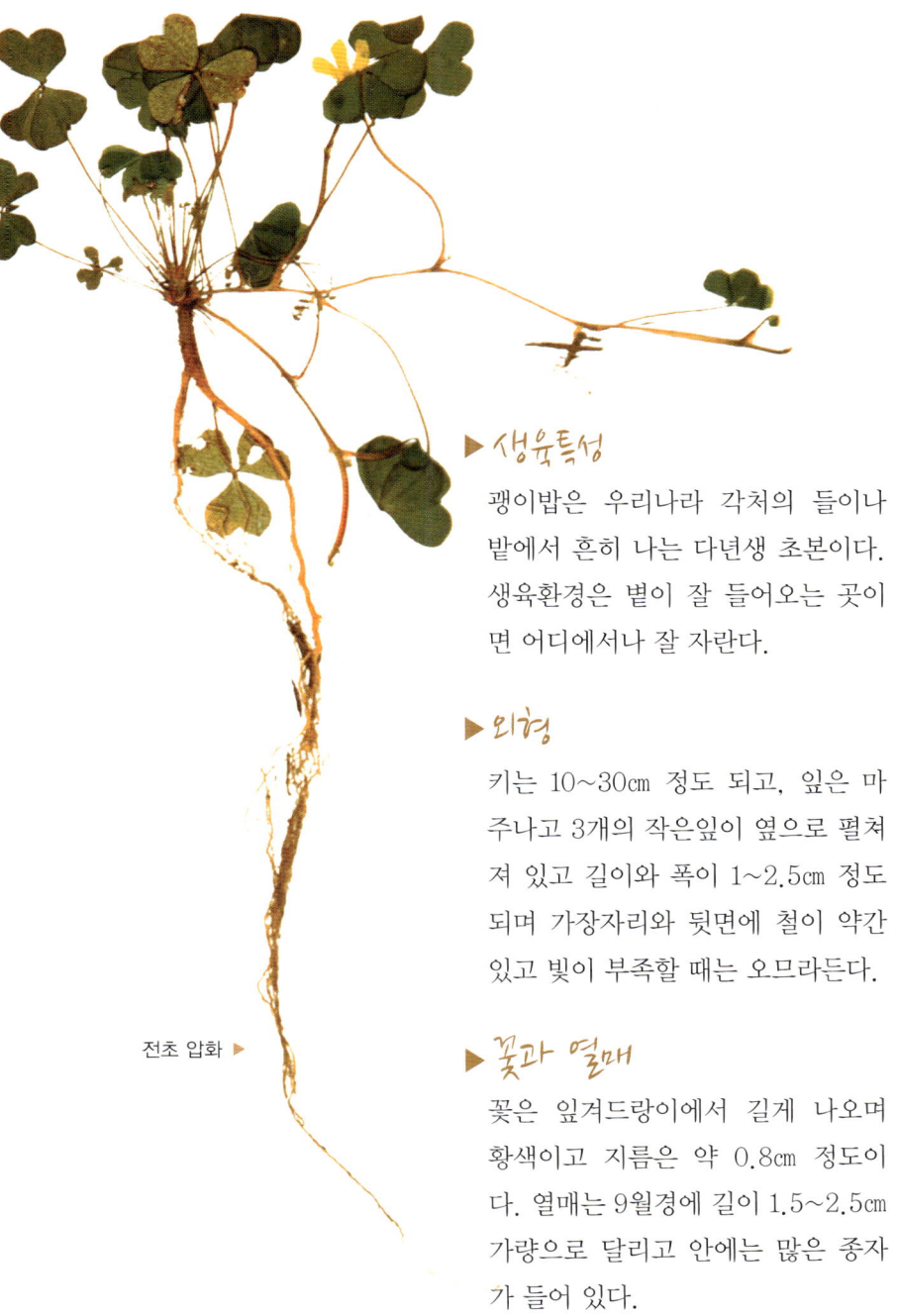

전초 압화 ▶

▶생육특성

괭이밥은 우리나라 각처의 들이나 밭에서 흔히 나는 다년생 초본이다. 생육환경은 볕이 잘 들어오는 곳이면 어디에서나 잘 자란다.

▶외형

키는 10~30㎝ 정도 되고, 잎은 마주나고 3개의 작은잎이 옆으로 펼쳐져 있고 길이와 폭이 1~2.5㎝ 정도 되며 가장자리와 뒷면에 철이 약간 있고 빛이 부족할 때는 오므라든다.

▶꽃과 열매

꽃은 잎겨드랑이에서 길게 나오며 황색이고 지름은 약 0.8㎝ 정도이다. 열매는 9월경에 길이 1.5~2.5㎝ 가량으로 달리고 안에는 많은 종자가 들어 있다.

▲ 괭이밥_ 잎

▲ 괭이밥_ 꽃

▲ 괭이밥_ 종자 결실

▲ 괭이밥_ 종자가 터진 모습

▶관리법

화분을 이용할 때는 다른 식물들 주변에 심어 밑에서 꽃이 필 수 있게 하면 좋다. 외부에 심을 때는 처음에는 집단을 이루게 하고 다음 해에는 솎아주는 것이 좋다. 키가 작은 식물이기 때문에 잡초들이나 다른 식물과의 경합을 피하기 위해서이다. 물은 2~3일 간격으로 주면 된다.

▶번식법

어느 시기에나 뿌리를 나누어 심는 방법을 택하여도 좋고 9월경에 받은 종자를 바로 뿌리거나 종이에 싸서 냉장고에 보관 후, 이듬해 봄에 일찍 뿌려준다. 종자 발아율이 높은 식물이다.

▶채취방법

이른 봄 올라온 잎이 전개된 어린순을 채취하여 그늘에 말리고, 여름에는 뿌리를 포함한 전초를 채취하여 햇볕에 말린다.

▶성분

tannin, succinic salt, malic acid, oxalic acid

▶식용법

이른 봄 어린순은 나물로 먹는데 시큼한 맛이 나서 일부 지방에서는 '시금초'라고 부르기도 한다. 고양이가 소화가 잘 되지 않을 때 이 풀을 먹는다고 하여 괭이밥이라 부른다.

▶약용부위 : 뿌리를 포함한 전초

▶ 유사 식물

자주괭이밥

큰괭이밥

28 구름송이풀

- 이　명 : 고산송이풀, 올송이풀
- 생약명 : 마선호(馬先蒿)
- 학　명 : *Pedicularis verticillata* L.
- 과　명 : 현삼과
- 개화기 : 6~7월

◀ 전초 압화

▶ 생육특성

구름송이풀은 강원 북부 지방의 고산 지역에서 자라는 다년생 초본이다. 생 육혼-경은 햇볕이 잘 드는 바위틈이나 부엽질이 많은 곳에서 잘 자란다.

▶ 외형

키는 5~15㎝ 정도이고, 잎은 긴 타원형으로 톱니가 있으며 길이는 2~3㎝, 폭은 0.5~1㎝가량이다. 옆에서 나오는 잎은 꽃이 필 때도 남아 있다.

▶ 꽃과 열매

꽃은 홍자색으로 윗부분을 향해 피라미드 형식으로 피며 길이가 1.5㎝ 정도 되고 입술 모양으로, 앞으로 꽃잎이 길게 나와 있고 끝 모양은 새 의 부리처럼 되어 있다. 열매는 8월경에 익으며 길이는 약 1.5㎝가량이 고 뾰족하다. 관상용으로 쓰인다.

▲ 구름송이풀_ 새순 올라오는 모습

▲ 구름송이풀_ 꽃봉오리

▲ 구름송이풀_ 꽃 피기 전

▲ 구름송이풀_ 꽃

▲ 구름송이풀_ 꽃(위에서 본 모습)

▲ 구름송이풀_ 시든 모습

· 관리 및 번식요령

▶ **관리법** : 고산식물이기 때문에 더운 여름에 서늘한 곳에 심어 키운다. 물은 3~4
일에 한 번씩 주며 한꺼번에 물을 주지 말고 분무기로 여러 번 나누어 촉촉하게
주는 것이 좋다.

▶ **번식법** : 8월에 결실되는 종자를 바로 뿌리거나 종이로 싸서 냉장보관 후 이듬
해 봄에 뿌린다.

▶ **약용부위** : 전초

· 유사 식물

송이풀

명천송이풀

나도송이풀

㉙ 구릿대

- **이 명** : 구리때, 구릿때, 백지, 구리대
- **생약명** : 백지(白芷), 두약(杜若), 향백지(香白芷)
- **학 명** : *Angelica dahurica* (Fisch. ex Hoffm.) Benth. & Hook. f. ex Franch. & Sav.
- **과 명** : 산형과
- **개화기** : 6~8월

134

▶ 생육특성

구릿대는 우리나라 각처의 산에서 자라는 2년생 또는 3년생 초본이다. 생육환경은 골짜기 주변과 습기가 많은 곳에서 자란다.

▶ 외경

키는 1~1.5m이고, 잎은 여러 갈래로 갈라져 나오며 전체적으로 난형을 하고 있고 길이가 5~10㎝ 정도이다. 잎 끝에는 톱니와 같은 것이 나와 있으며, 잎 뒷면은 흰빛이 돌고 위로 올라갈수록 잎이 작아진다.

▶ 꽃과 열매

꽃은 흰색으로 작은꽃들이 하나가 되어 윗부분에 뭉쳐서 피며 전체적인 지름은 7~15㎝ 정도이다. 열매는 9~10월경에 달리고 편평한 타원형이다.

▲ 구릿대_ 잎과 줄기

▲ 구릿대_ 잎

▲ 구릿대_ 꽃봉오리 나온 모습

▲ 구릿대_ 꽃봉오리

▲ 구릿대_ 꽃

▲ 구릿대_ 무리

▶ **관리법** : 뿌리 부분이 많이 커지는 식물이 기 때문에 물 빠짐이 좋은 모래땅에 심어야 한다. 약용식물로 많이 재배되고 있다.

▶ **번식법** : 10월에 받은 종자를 이듬해 봄 화 단에 뿌린다. 이른 봄 새순이 올라올 때 포 기나누기를 한다.

▶ **채취방법** : 이른 봄에는 연한 새순을, 가을 에는 줄기가 시든 후 뿌리를 채취하여 이물 질을 제거하고 바람이 잘 통하고 햇볕이 좋 은 곳에서 말리거나 인위적으로 불을 피워 빨리 말리기도 한다.

▶ **성분** : angelical, edultin, phellopterin, imperatorin

▶ **식용법** : 이른 봄에 올라오는 여린 순은 나 물로 먹는다.

▶ **약용부위** : 뿌리

유사 식물

참당귀

㉚ 구상난풀

- 이 명 : 수정초, 구상란풀, 나도수정초, 대흥란, 석장풀, 석장화
- 학 명 : *Monotropa hypopithys* L.
- 과 명 : 노루발과
- 개화기 : 6~7월

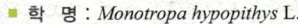

◀ 전초 압화

▶ 생육특성

구상난풀은 우리나라 전역의 산지에서 자라는 다년생 부생식물이다. 생육 환경은 빛이 잘 들지 않고 습기가 많은 곳에서 자란다.

▶ 외형

키는 20㎝ 정도 되며, 잎은 불규칙하고 톱니가 있으며 퇴화된 비늘과 같은 뾰족한 잎이 20~30개가량 있다. 잎 길이는 1~1.5㎝, 폭은 0.5~0.7㎝ 정도이다.

▶ 꽃과 열매

꽃은 줄기 끝에 총상으로 달리며 연한 황백색이다. 꽃은 아래를 향해 피며 수술은 8개이고 암술은 적갈색을 띤다. 햇볕을 받으면 황갈색의 꽃 부분이 검게 변하며 부생식물이기 때문에 다른 장소로 옮기는 것을 피해야 한다. 열매는 9월경에 둥글게 달리고 끝부분에 암술대가 남아 있다. 관상용으로 쓰인다.

▲ 구상난풀_ 새순 올라오는 모습

▲ 구상난풀_ 안의 모습

▲ 구상난풀_ 전초와 종자 결실

▲ 구상난풀_ 종자 결실

▲ 구상난풀_ 무리

▶관리법

부생식물이기 때문에 가정에서 키
우기는 불가능하며 외부에서 키울
때는 햇볕이 강하게 들지 않는 낙
엽수 아래에 심는다. 물은 3~4일
에 한 번씩 주며 직접적으로 물이
줄기에 닿지 않게 줘야 한다.

▶번식법

9월경에 달린 종자를 낙엽수 아래
에 바로 뿌린다. 종자는 바로 뿌려
야 하며 보관 후 뿌리게 되면 발
아율이 낮아지므로 권하지 않는다.

▶용도 : 관상용

유사 식물

수정란풀

31 구실사리

- 이 명 : 바위비늘이끼, 구슬사리, 구슬살이
- 학 명 : *Selaginella rossii* (Baker) Warb
- 과 명 : 부처손과

▶생육특성

구실사리는 우리나라 각처의 산지에서 나는 상록성 다년생 초본이다. 생육환경은 반그늘의 돌 틈이나 바위에 붙어 바닥으로 자란다.

▶외형

잎은 길이가 약 0.3㎝이고 비늘조각처럼 되어 있으며 표면은 녹색이고 뒷면은 가지와 더불어 연한 녹색이다. 줄기는 붉은빛이 돌며 옆으로 뻗으면서 철사처럼 단단하다.

▶꽃과 열매

포자는 길이가 약 1㎝, 지름은 약 0.2㎝ 정도로서 네모지고 작은 가지 끝에 1~2개씩 달린다.

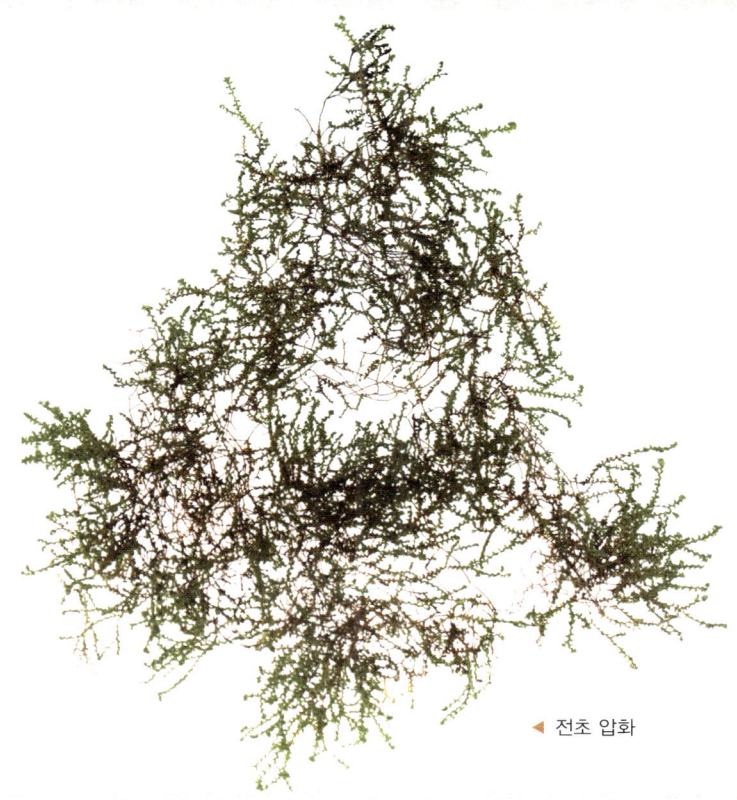

◀ 전초 압화

▲ 구실사리_ 무리

관리 및 번식요령

▶관리법 : 화분에 돌을 놓고 흙을 조금 놓고 그 위에 묘종을 옮겨심는다. 화단이나
　정원에 심을 때는 주변에 나무가 있어 직접적으로 빛을 받지 않게 만든 후 심는다.

▶번식법 : 가을에 뿌리를 나누어 심는다.

▶용도 : 관상용

㉜ 구절초

- 이 명 : 넓은잎구절초, 낙동구절초, 선모초, 큰구절초
- 생약명 : 구절초(九折草), 선모초(仙母草)
- 학 명 : *Dendranthema zawadskii* var. *latilobum* (Maxim.) Kitam.
- 과 명 : 국화과
- 개화기 : 9~10월

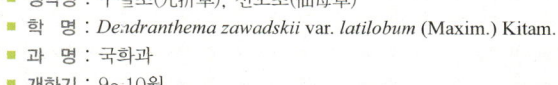

▶ 생육특성

구절초는 우리나라 각처의 산지에서 많이 자라는 다년생 초본이다. 생육환경은 산의 등산로 부근이나 양지바른 곳 혹은 반그늘의 풀숲에서 자란다.

▶ 외형

키는 50~100㎝ 정도 되며, 잎은 난형으로 잎의 가장자리가 얇게 갈라지며, 길이는 4~7㎝, 폭은 3~5㎝이다.

▶ 꽃과 열매

꽃은 흰색이며 향기가 있고 줄기나 가지 끝에서 한 송이씩 피고 한 포기에서 5송이 정도 핀다. 처음 꽃대가 올라올 때는 분홍빛이 도는 흰색이고 개화하면서 흰색으로 변한다. 꽃의 지름은 6~8㎝ 정도이다. 열매는 10~11월에 맺는다. 구절초는 울릉국화, 낙동구절초, 포천구절초, 서홍구절초, 남구절초, 한라구절초 등 우리나라에 자생하는 종류가 50여 가지가 넘고 대부분 '들국화'로 알려져 있다.

전초 압화 ▶

146

▲ 구절초_ 새순 올라오는 모습

▲ 구절초_ 잎 전개된 모습

▲ 구절초_ 잎

▲ 구절초_ 꽃 피는 모습

▲ 구절초_ 꽃

▲ 구절초_ 종자 결실

▲ 구절초_ 씨앗

▲ 구절초_ 무리

▲ 구절초_ 꽃 피는 모습(분홍)

▶**관리법**

토양을 거름지게 한 후 화단이나 화분에 심어야 한다. 또한 바람이 잘 통하게 해
주는 것도 잊어서는 안 된다. 2년 정도 재배하고 원래 묘를 꺼내어 다시 심어주면
더 좋은 꽃을 볼 수 있다. 물은 1~2일 간격으로 준다.

▶**번식법**

11월에 받은 종자를 종이에 싸서 냉장보관 후 이듬해 2월 초순에 화분에 뿌린다.
포기나누기는 해동이 되면 원래 묘를 꺼내어 뿌리가 붙어 있는 부분을 분리하는데
한 개체에서 약 10~15개 정도 얻을 수 있다.

▶**채취방법**

5~6월경에 새로 나온 연한 잎을 채취하고, 9~10월경에는 꽃봉오리와 만개한 꽃
을 포함한 전초를 채취하여 햇볕에 건조한다.

▶**성분** : linarin, caffeic acid, quinic acid

▶**식용법**

잎은 항균력이 좋아 가려운 곳에 생잎을 지어 붙이거나 비비기도 하고, 만개하기
직전에 꽃을 따서 차로 마시기도 한다. 가을에는 국화주가 좋아 애주가들은 꽃을
따서 국화주로 만들어 먹기도 한다.

▶**약용부위** : 꽃을 포함한 전초

남구절초

서흥구절초

33 궁궁이

- 이 명 : 천궁, 개강활, 제주사약채, 백봉천궁, 토천궁
- 생약명 : 토천궁(土川芎)
- 학 명 : *Angelica polymorpha* Maxim.
- 과 명 : 산형과
- 개화기 : 8~9월

◀ 전초 압화

▶ 생육특성

궁궁이는 우리나라 각처의 밭에서 재배되는 다년생 초본이다. 원산지가 중국으로 우리나라에는 약용재배식물로 들어온 식물이다. 하지만 지금은 그 씨앗이 많이 퍼져서 야산에서 자생하는 경우가 많은 품종이다.

▶ 외형

키는 30~60cm이고, 잎은 마치 당근잎과 같이 갈라져서 나오고 끝은 뾰족하며 톱니가 있다.

▶ 꽃과 열매

꽃은 흰색이며 지름은 약 7~12cm 정도이고 20~40개 정도의 작은꽃들이 줄기 끝에 뭉쳐 달린다. 열매는 10~11월경에 달리고 납작하며 길이는 0.4~0.5cm이다.

▲ 궁궁이_ 잎 나오는 모습

▲ 궁궁이_ 잎

▲ 궁궁이_ 줄기

▲ 궁궁이_ 꽃봉오리

▲ 궁궁이_ 꽃

▶관리법 : 햇볕이 잘 들어오거나 토양 비옥
도가 높은 화단에 심는다. 약용식물로 재
배하는 품종이기 때문에 잡초 방제를 게을
리해서는 안 된다. 물은 1~2일 간격으로
준다.

▶번식법 : 10~11월에 많은 종자가 맺히므
로 이때 종자를 받아 이듬해 봄 화단에 뿌리
거나, 뿌리를 봄에 나눈다.

▶채취방법 : 이른 봄에는 어린순을, 가을에는
시든 줄기를 제거한 후 뿌리를 채취하고 이
물질을 제거한 후 햇볕에 말린다.

▶성분 : cnidium, coumarin, mannitol

▶식용법 : 이른 봄 올라오는 어린순을 더운
물에 살짝 데쳐 나물로 먹거나 장기간 저장
하여 먹기 위해서는 햇볕에 말린 후 묵나물
로 먹는다.

▶약용부위 : 뿌리

유사 식물

구릿대

㉞ 그늘돌쩌귀

- 생약명 : 초오(草烏)
- 학 명 : *Aconitum uchiyamai* Nakai
- 과 명 : 미나리아재비과
- 개화기 : 7~9월

▶생육특성

그늘돌쩌귀는 우리나라 각처의 산에서 자라는 다년생 초본이다. 생육환경은 습기가 많으며 물 빠짐이 좋은 반그늘에서 군락을 이룬다.

◀ 전초 압화

▶외형

키는 약 1m이고, 잎은 손바닥 모양으로 생겼으며, 크기는 5~10㎝이다.

▶꽃과 열매

꽃은 자주색이고 모양은 고깔이나 투구와 같으며, 원줄기 끝과 줄기 윗부분의 잎겨드랑이에서 나오고 작은꽃줄기는 털이 많다. 열매는 9~10월경에 달리고 타원형이며 뾰족한 암술대가 남아 있다.

▲ 그늘돌쩌귀_ 꽃

▲ 그늘돌쩌귀_ 꽃(분홍)

▲ 그늘돌쩌귀_ 잎

관리 및 번식요령

▶ **관리법**
뿌리가 많이 발달하기 때문에 물 빠짐이 좋고 토양이 비옥한 화단에 심는다. 물은 2~3일 간격으로 준다.

▶ **번식법**
10월경 종자를 받아 바로 화분에 뿌리거나 일반적인 방법으로 보관하여 이듬해 봄에 뿌린다.

▶ **채취방법**
줄기가 시든 가을이나 새순이 올라오는 이른 봄에 뿌리를 채취하여 이물질을 제거한 후 햇볕에 말린다. 유독성 식물이므로 함부로 먹어서는 안 된다.

▶ **용도** : 관상용, 약용

▶ **약용부위** : 뿌리

35 금강애기나리

- 이 명 : 진부애기나리
- 학 명 : *Streptopus ovalis* (Ohwi) Wang et Y. C. Tang
- 과 명 : 백합과
- 개화기 : 4~6월

▶ **생육특성**

금강애기나리는 지리산, 태백산, 오대산, 덕유산, 소백산, 한라산 등과 같은 고산지역에서 자라는 다년생 초본이다. 생육환경은 고산지역의 산등성이나 침엽수림가에서 자생하며 부엽질과 습기가 많은 곳을 좋아한다.

▶ **외형**

키는 10~30㎝ 정도이며, 잎의 길이는 2~5㎝이고 긴 난형으로 마주난다.

▶ **꽃과 열매**

꽃은 연한 황백색으로 지름은 약 0.8~1.2㎝이고, 원줄기 윗부분의 가지 끝에서 통상 2~4개 정도가 달린다. 열매는 7~8월경에 둥글고 붉게 달린다. 잎의 모양으로 봐서는 둥굴레나 애기나리와 유사하기 때문에 주의 깊게 봐야 하며, 꽃이 피고 난 후 모습으로 정확한 구분이 가능하다.

▲ 전초 압화

▲ 금강애기나리_ 잎

▲ 금강애기나리_ 꽃봉오리

▲ 금강애기나리_ 꽃

▲ 금강애기나리_ 종자 결실

▲ 금강애기나리_ 붉은색 꽃(점 없음)　　　　▲ 금강애기나리_ 흰색 꽃

ㄱ

관리 및 번식요령

▶ **관리법** : 배수가 잘 되는 양지 혹은 반그늘의 토양에 심는다.

▶ **번식법** : 7~8월경에 열리는 종자를 받아 바로 뿌리거나 가을에 뿌리를 포기나 누기 한다.

▶ **용도** : 관상용

유사 식물

큰애기나리

애기나리

(36) 금꿩의다리

- 이 명 : 금가락풀(북)
- 학 명 : *Thalictrum rochebrunianum* var. *grandisepalum* (H. Lev.) Nakai
- 과 명 : 미나리아재비과
- 개화기 : 7~8월

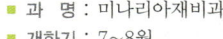

▶ 생육특성

금꿩의다리는 우리나라 각처의 산지에서 자라는 다년생 초본이다. 생육환경은 계곡과 산의 습기가 많은 곳을 좋아하며, 중성 토양에서 잘 자란다.

▶ 외형

키는 1~2.5m이고, 잎은 작은 난형으로 길이는 2~3㎝, 잎 뒷면은 흰색을 띠고 있다.

◀ 전초 압화

▶ 꽃과 열매

꽃은 홍자색으로 지름은 1~1.5㎝ 이고 꽃자루는 가늘고 길게 달리며 꽃잎이 없는 것이 특징이다. 열매는 9~10월경에 타원형으로 달리고 암술대가 붙어 있다. 수술 부분이 노랗게 되어 있고 홍자색의 꽃이 피기 때문에 다른 꿩의다리와는 확연히 구분이 가능한 품종이다. 관상용으로 쓰이며, 어린 잎과 줄기는 식용으로 사용한다.

▲ 금꿩의다리_ 꽃봉오리

▲ 금꿩의다리_ 꽃

▲ 금꿩의다리_ 시들며 꽃잎이 뒤로 젖혀지는 모습

▲ 금꿩의다리_ 종자 결실

관리 및 번식요령

▶관리법
키가 큰 식물이기 때문에 집 안에서 키우는 것은 힘들고 화단에 심는 것이 좋다. 물은 하루에 한 번 준다.

▶번식법
뿌리나누기를 하거나 9~10월에 결실되는 종자를 바로 뿌린다. 또는 종이에 싸서 냉장보관 후 이듬해 봄에 화단에 뿌린다.

▶채취방법
이른 봄에는 어린순과 줄기를 채취하며, 여름에는 밑부분의 딱딱한 줄기를 제거하고 윗부분의 연한 줄기를 채취한다.

유사 식물

꿩의다리

자주꿩의다리

꿩의다리아재비

연잎꿩의다리

37 금낭화

- 이　명 : 등모란, 며느리주머니
- 생약명 : 하포목단근(荷包牧丹根)
- 학　명 : *Dicentra spectabilis* (L.) Lem.
- 과　명 : 양귀비과
- 개화기 : 5~6월

◀ 전초 압화

▶생육특성

금낭화는 우리나라 각처의 산지에서 자라는 다년생 초본이다. 생육환경
은 깊은 산의 계곡 근처 부엽질이 풍부한 곳에서 자란다.

▶외형

키는 60~100㎝이며, 잎은 잎자루가 길고 깃 모양으로 3갈래가 갈라지
며, 가장자리에는 결각을 한 모양의 톱니가 있다.

▶꽃과 열매

꽃은 연한 홍색이며 줄기를 따라 아래에서 위쪽으로 올라가며 심장형으
로 달리고, 완전히 개화하기 전에는 좌우에 있는 하얀색이 붙어 있지만
완전히 개화되면 위쪽으로 말려 올라간다. 꽃 가운데 하얀 주머니 모양
을 한 것은 암술과 수술이 들어 있는 곳이다. 열매는 6~7월경에 긴 타원
형으로 달리고 안에는 검고 윤기가 나는 종자가 들어 있다.

▲ 금낭화_ 새순

▲ 금낭화_ 종자 발아된 어린 묘

▲ 금낭화_ 꽃봉오리

▲ 금낭화_ 연분홍색 꽃

▲ 금낭화_ 흰색 꽃

▲ 금낭화_ 종자 결실

▲ 금낭화_ 무리

▶관리법

배수가 잘 되는 큰 화분에 심어 반그늘 혹은 양지쪽에 둔다. 6~7월경이면 지상부 잎이 모두 없어지고 휴면에 들어가기 때문에 여름부터는 관수를 많이 하지 말고 4~5일경에 한 번씩 주는 것이 좋다.

▶번식법

7~8월경에 익은 종자를 받아 바로 뿌리는 것이 가장 좋고 종자를 종이에 싸서 냉장보관 후 이듬해 봄에 뿌리거나, 늦가을에 괴근을 최소 3~4㎝ 정도 크기로 잘라 잠아(潛芽, 꽃눈)를 붙여 모래에 심으면 이듬해 봄에 싹이 나오고 꽃이 핀다.

▶채취방법

이른 봄게는 어린순을 채취하고, 새순이 올라오기 전과 꽃이 시든 가을에는 뿌리를 채취하여 이물질을 제거하고 바람이 잘 통하고 햇볕이 잘 들어오는 곳에서 말린다.

▶성분

cryptopine, protopine, sanguinarine, coptisine, chelerythrine, chelirubine, chelilut ne, scoulerine, reticuline, chelianthifoline

▶식용법

이른 돋 어린순을 따 삶아서 나물로 바로 먹거나, 말려서 묵나물로 먹는다. 한 번에 많은 양을 먹으면 설사를 하므로 조금씩 먹어야 한다.

▶**약용부위** : 뿌리

자주괴불주머니

③⑧ 금마타리

- 이 명 : 향마타리
- 생약명 : 패장(敗醬)
- 학 명 : *Patrinia saniculaefolia* Hemsl.
- 과 명 : 마타리과
- 개화기 : 6~7월

▶ 생육특성

금마타리는 중부 이북의 고산지역에서 자라는 다년생 초본이다. 생육환경은 주변에 습기가 많고 햇볕이 잘 드는 곳에서 자란다.

▶ 외형

키는 약 30㎝가량 되며, 잎은 둥글며 5∼7개로 갈라지고 끝이 필 때까지 뿌리에서 생긴 잎은 그대로 남아 있다. 또 짧은 잎은 모두 깊게 갈라지고 표면에는 털이 많이 나 있으며 뒷면에는 털이 거의 없다.

▶ 꽃과 열매

꽃은 황색이며 원줄기 끝에 종형으로 달리고 지름은 약 0.3㎝ 정도이다. 안쪽에는 작은 털이 빽빽히 난다. 열매는 8∼9월경에 타원형으로 달리고 날개와 같은 포가 있다.

▲ 전초 압화

▲ 금마타리_ 새순 올라오는 모습

▲ 금마타리_ 잎

▲ 금마타리_ 꽃봉오리

▲ 금마타리_ 꽃

▲ 금마타리_ 종자 결실

·관리 및 번식요령

▶관리법

낙엽수 아래에 비교적 햇살이 적은 곳에서 재배
하는 것이 좋으며 관수는 2~3일 간격으로 준
다. 주변에 바위가 있으면 바위틈에 심고 이끼
를 같이 심어 돌이 뜨거워지는 것을 방지하여
주는 것이 좋다.

▶번식법

8~9월경에 달린 종자를 받아서 바로 뿌리거나
수분기가 날아가지 않게 하여 냉장고에 보관 후
이듬해 봄에 뿌린다. 또한 옆에서 나온 개체를
분리하여 화분에 심어 번식시켜도 좋다.

▶채취시기

가을에 줄기가 시든 후 뿌리를 채취하여 그늘
에서 말린다.

▶약용부위 : 뿌리

유사 식물

마타리

돌마타리

39 금불초

- 이 명 : 들국화, 옷풀, 하국(夏菊), 금전화
- 생약명 : 선복화(先復花)
- 학 명 : *Inula britannica* var. *linariifolia* (Turcz.) Regel
- 과 명 : 국화과
- 개화기 : 7~9월

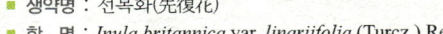

◀ 전초 압화

▶ 생육특성

금불초는 우리나라 각처의 산과 들에서 자라는 다년생 초본이다. 생육환경은 산과 들의 물기가 많은 곳에서 잘 자라며, 반그늘 혹은 양지식물이다.

▶ 외형

키는 20~60㎝, 잎 길이는 5~10㎝, 폭은 1~3㎝로 어긋나며, 긴 타원형이고 가장자리에 톱니가 드문드문 있다.

▶ 꽃과 열매

꽃은 노란색이며 가지 끝과 줄기 끝에 달리고 지름은 약 3㎝ 내외이다. 열매는 10월경에 달리고 길이 0.5㎝ 정도 되는 갓털이 붙어 있다. 꽃은 다른 국화류와는 달리 꽃잎이 좁고 길게 나와 있는 것이 특징이다.

▲ 금불초_ 잎

▲ 금불초_ 꽃봉오리

▲ 금불초_ 꽃

▲ 금불초_ 종자 결실

▲ 금불초_ 무리

▶**관리법** : 대량으로 재배하기에 알맞은 품종으로 토지가 비옥한 화단을 선택해 심는다. 물은 2~3일에 한 번 주고 직사광을 받지 않는 곳을 선정한다.

▶**번식법** : 10월부터 익는 종자를 바로 화분에 뿌리는 것이 좋고 이듬해 봄에 포기나누기를 한다.

▶**채취방법** : 봄과 초여름에 올라온 새순을 채취하고, 가을에는 꽃을 채취한 후 끓는 물을 약간 식힌 후 꽃을 넣어 살짝 데치고 바람이 잘 통하고 햇볕이 잘 들어오지 않는 곳에서 건조시켜 이용한다.

▶**성분** : quercetin, isoquersetin, inulicin, britanin taraxasterol

▶**식용법** : 어린잎은 나물이나 국거리로 먹는다.

▶**약용부위** : 꽃

갯금불초

40 금붓꽃

- 이 명 : 누른붓꽃, 애기노랑붓꽃
- 학 명 : *Iris savatieri* Nakai
- 과 명 : 붓꽃과
- 개화기 : 4~5월

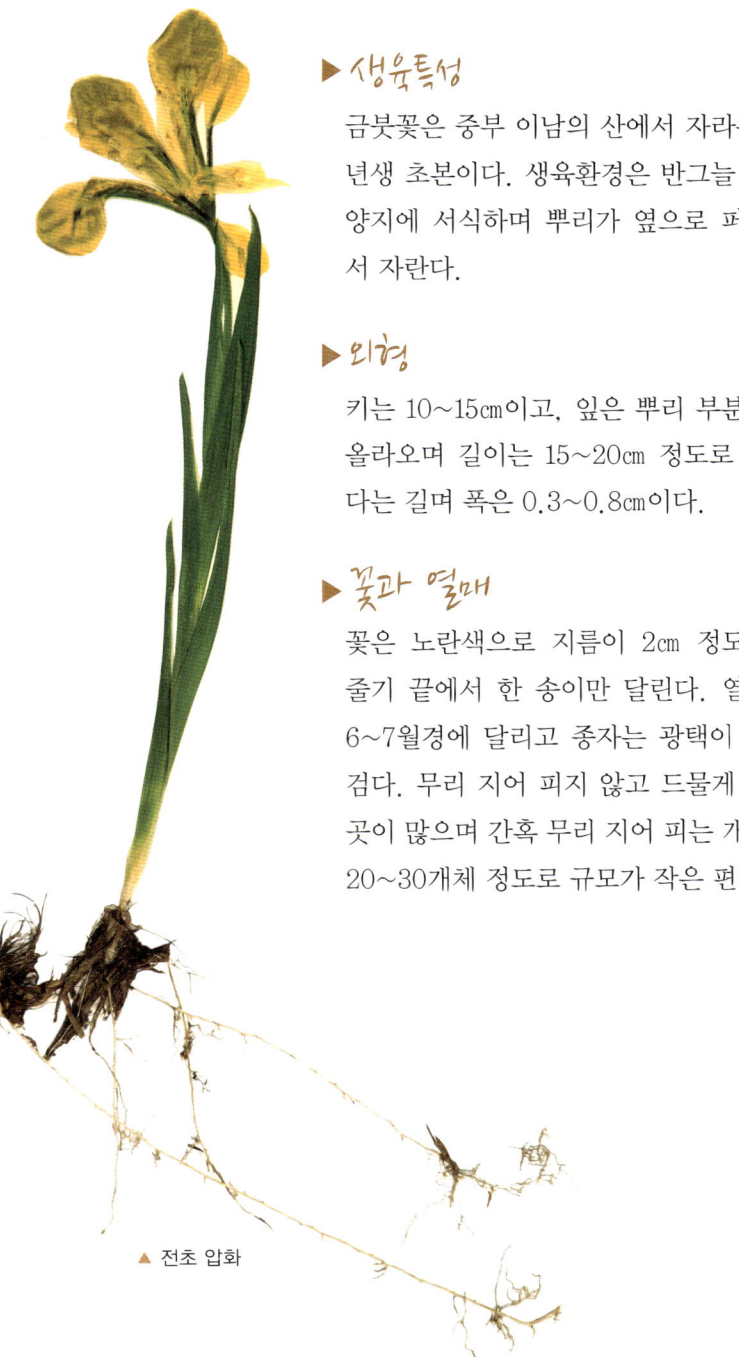

▶생육특성

금붓꽃은 중부 이남의 산에서 자라는 다년생 초본이다. 생육환경은 반그늘 혹은 양지에 서식하며 뿌리가 옆으로 퍼지면서 자란다.

▶외형

키는 10~15㎝이고, 잎은 뿌리 부분에서 올라오며 길이는 15~20㎝ 정도로 꽃보다는 길며 폭은 0.3~0.8㎝이다.

▶꽃과 열매

꽃은 노란색으로 지름이 2㎝ 정도이고 줄기 끝에서 한 송이만 달린다. 열매는 6~7월경에 달리고 종자는 광택이 나고 검다. 무리 지어 피지 않고 드물게 피는 곳이 많으며 간혹 무리 지어 피는 개체도 20~30개체 정도로 규모가 작은 편이다.

▲ 전초 압화

▲ 금붓꽃_ 꽃봉오리

▲ 금붓꽃_ 꽃

▲ 금붓꽃_ 꽃 시든 모습

▲ 금붓꽃_ 전초(측면)

▶관리법

양지 혹은 반그늘에서 키우며, 토양 윗부분이 약간 마른 듯할 때 물을 주는 것이 좋다. 즈그마한 화분이나 화단에 심어도 좋다.

▶번식법

6~7월에 종자를 바로 화단에 뿌리거나 종자를 종이에 싸서 냉장보관 후 이듬해 봄에 물에 2~3일 담근 후 화분에 뿌린다. 또한 늦가을과 이른 봄에 뿌리나누기를 하고 화분이나 화단에 옮겨심기한다.

▶용도 : 관상용

붓꽃

노랑무늬붓꽃

41 금창초

- **이 명** : 금란초, 섬자란초, 가지조개나물
- **생약명** : 산혈초(散血草), 근골초(筋骨草), 퇴혈초(退血草), 백모하고초(白毛夏苦草)
- **학 명** : *Ajuga decumbens* Thunb
- **과 명** : 꿀풀과
- **개화기** : 5~6월

▶ 생육특성

금창초는 우리나라 남부지방의 길가에서 자라는 다년생 초본이다. 생육환경은 습기가 많은 곳이나 양지에서 잘 자란다.

▶ 외형

키는 4~6㎝ 정도이며, 잎은 끝이 뾰족하게 갈라진 형식의 난형이다. 줄기 및 잎에는 많은 털이 나 있으며, 잎 가장자리에는 물결 모양의 톱니가 있고 줄기는 누워 있다.

▶ 꽃과 열매

꽃은 자색으로 잎 옆에 몇 개씩 달리고 꽃이 피는 줄기는 높이 5~15㎝ 정도로 4~6개가 곧게 자라며 몇 쌍의 잎이 달리고 자줏빛이 돈다. 열매는 8~10월경에 달리고 그물 모양의 무늬가 있다.

▲ 금창초_ 새순 올라오는 모습

▲ 금창초_ 꽃

▲ 금창초_ 무리

▶관리법

화분이나 화단에 심는다. 반그늘 및 양지 어디에서나 잘 자라며, 습기가 많은 곳을 좋아한다.

▶번식법

가을에 포기나누기를 하거나 8~10월에 익은 종자를 화분이나 화단에 바로 뿌린다.

▶채취방법

잎이 아주 작아서 새순이 올라와 약간 전개된 4~5월에 채취하고, 봄과 가을에는 전초를 채취하여 바로 사용하거나 또는 바람이 잘 통하고 햇볕 잘 들어오는 곳에서 말려 사용한다.

▶성분

saponin, tannin, phenol, flavonoid, cyasteron, ecdysterone, ajugasterone C, ajugalactone

▶식용법

어린순을 끓는 물에 넣어 데쳐 나물로 먹고, 전초는 꽃봉오리가 뭉쳐 있거나 꽃이 필 무렵 채취하여 이물질을 제거한 후 햇볕에 말려 사용한다.

▶**약용부위** : 전초

자란초

조개나물

④② 기린초

- 이 명 : 넓은잎기린초, 각시기린초
- 생약명 : 비채(費菜)
- 학 명 : *Sedum kamtschaticum* Fisch. & Mey.
- 과 명 : 돌나물과
- 개화기 : 6~8월

▶생육특성

기린초는 중부 이남의 산에서 자라는 다년생 초본이다. 생육환경은 산의 바위틈이나 과습하지 않은 곳에서 자생한다.

▶외형

키는 약 20~30㎝ 정도이며, 잎은 넓은 난형으로 길이가 3~5㎝, 폭이 3~4㎝ 정도이며, 잎 가장자리에 작은 톱니 같은 것이 있다.

▶꽃과 열매

꽃은 노란색으로 지름은 5~7㎝이고 상층부 한 줄기에 5~7개 정도의 꽃이 뭉쳐서 핀다. 열매는 9~10월경에 5갈래로 갈라져 검은색으로 달리고 안에는 갈색으로 된 작은 종자가 먼지처럼 들어 있다. 잎의 모양이 마치 다육식물과 같이 두툼하면서 육질이 좋기 때문에 식용으로도 많이 이용되는 식물이며, 남도지방에서는 겨울에도 고사하지 않고 잘 자라는, 우리나라에서 몇 되지 않는 식물 중의 하나이다.

◀ 전초 압화

▲ 기린초_ 잎

▲ 기린초_ 꽃봉오리

▲ 기린초_ 꽃

▲ 기린초_ 종자 결실

▲ 기린초_ 무리

관리 및 번식요령

▶관리법

화분이나 화단에 심고 직사광이 많이 들어오는 곳은 가급적 피한다. 처음 잎은 작지만 여름에는 커지기 때문에 공간을 잘 배치하는 것이 좋다. 물은 자주 주지 않아도 좋으며 3~4일 간격으로 준다.

▶번식법

줄기를 이용한 삽목과 포기나누기를 하며, 종자는 9~10월에 결실되는데 워낙 미세하기 때문에 씨방 전체를 받아서 정리해야 하고 종자는 바로 화분이나 화단에 뿌리거나 종이에 싸서 냉장보관하여 이듬해 봄에 뿌린다.

▶채취방법

이른 봄에 새로 나오는 잎을 채취하고, 전초를 이용하고자 할 때는 꽃이 필 무렵에 채취하여 이물질을 제거한 후 바람이 잘 통하는 곳의 햇볕에 말린다.

▶성분 : aesculin, myricitrin, hyperin, isomyricitrin, gossypetin, gossypin, quercetin, kaempferol

▶식용법 : 이른 봄 채취한 어린순은 끓는 물에 살짝 데쳐서 나물로 먹고 여름에는 전초를 말려 잘게 썰어서 보관하거나 약용으로 사용한다.

▶약용부위 : 전초

㊸ 긴산꼬리풀

- 이　명 : 가는산꼬리풀, 산꼬리풀, 가는잎산꼬리풀, 가는잎꼬리풀, 좀꼬리풀
- 생약명 : 일지향(一枝香)
- 학　명 : *Veronica longifolia* L.
- 과　명 : 현삼과
- 개화기 : 7~8월

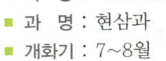

◀ 전초 압화

▶ **생육특성**

긴산꼬리풀은 지리산 이북지방의 산에서 자라는 다년생 초본이다. 생육환경은 반그늘과 습기가 많은 곳에서 잘 자란다.

▶ **외형**

키는 0.8~1.2m 정도로 큰 편에 속하며, 잎은 길이가 약 10~12㎝, 폭은 2.2㎝이고 긴 타원형으로 길게 뻗어 있으며, 끝이 뾰족하고 가장자리에 톱니가 있다.

▶ **꽃과 열매**

꽃은 연한 보라색이며 길이는 약 10~20㎝, 폭은 2~4㎝이고 줄기 끝에 촘촘히 달려 아래에서 위쪽으로 올라가며 달린다. 열매는 9~10월경에 검은 갈색으로 변한 씨방에 종자가 들어 있다. 다른 이름으로 '큰산꼬리풀'이라고도 한다.

▲ 긴산꼬리풀_ 새순

▲ 긴산꼬리풀_ 꽃봉오리

▲ 긴산꼬리풀_ 꽃

▲ 긴산꼬리풀_ 종자 결실

▲ 긴산꼬리풀_ 무리

관리 및 번식요령

▶관리법

화단에 심으며 양지는 꽃 색이 빨리 탈색되기 때문에 반그늘을 권한다. 물은 1~2일에 한 번 준다.

▶번식법

가을이나 봄에 포기나누기를 하거나, 9~10월에 결실되는 종자를 이듬해 봄 화단에 뿌린다.

▶채취방법

꽃이 필 무렵 또는 개화한 상태에서 전초를 채취하여 햇볕에 말린다.

▶약용부위 : 전초

유사 식물

흰꼬리풀

물꼬리풀

㊹ 까치수엄

- 이 명 : 까치수영, 꽃꼬리풀
- 생약명 : 낭미파화(狼尾巴花)
- 학 명 : *Lysimachia barystachys* Bunge
- 과 명 : 앵초과
- 개화기 : 6~8월

◀ 전초 압화

▶생육특성

까치수염은 우리나라 각처의 산과 들에 자라는 다년생 초본이다. 생육환경은 양지의 모래와 돌이 많은 곳에서 잘 자란다.

▶외형

키는 0.5~1m 정도, 잎은 양끝이 좁고 긴 타원형이고 가장자리가 밋밋하다.

▶꽃과 열매

꽃은 흰색으로 길이는 10~20㎝이고 줄기를 따라 작은 꽃들이 뭉쳐서 큰 봉오리가 되고 끝부분에 이르러 꼬리처럼 약간 말려서 올라간다. 열매는 9~10월경에 둥글게 달리고 적갈색으로 익은 씨방에는 종자가 많이 들어 있다. 종자가 결실되면 꽃대의 간격은 종자가 충분히 익을 수 있도록 간격이 더 넓어져 꽃대가 더 길어진다.

▲ 까치수염_ 잎

▲ 까치수염_ 꽃 피기 전

▲ 까치수염_ 꽃

▲ 까치수염_ 종자 결실

·관리 및 번식요령

▶**관리법**

토양 비옥도에 관계없으며 햇볕이 잘 들어오는 화단에 심는다. 물은 1~2일 간격으로 준다.

▶**번식법**

땅속으로 길게 뻗은 줄기를 봄이나 가을에 잘라서 이용하고, 9~10월에 달리는 종자는 이른 봄 화분에 뿌리고 뿌리가 많이 발달하면 화단에 옮겨심기한다.

▶**채취방법**

이른 봄에 올라오는 새순을 채취하고, 꽃이 피는 여름에는 꽃대와 함께 전초를 채취하여 이물질을 제거한 후 그늘에 말린다.

▶**성분**

salicylic acid, hyperin, rutin, kaempferol, camelliagine A

▶**식용법**

이른 봄에 채취한 어린순은 생으로 먹거나 나물로 먹는다.

▶**약용부위** : 전초

·유사 식물

큰까치수염

갯까치수염

45 깽깽이풀

- 이　명 : 깽이풀, 황련, 조황련
- 생약명 : 선황련(鮮黃連), 모황련(毛黃連)
- 학　명 : *Jeffersonia dubia* (Maxim.) Benth. & Hook. f. ex Baker & S. Moore
- 과　명 : 매자나무과
- 개화기 : 4~5월

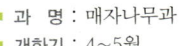

▶생육특성

깽깽이풀은 전국 숲에서 자라는 다년생 초본이다. 생육환경은 비옥한 토양, 반그늘 조건에서 자란다.

▶외형

키는 20~30㎝ 정도이며, 잎은 둥근 심장형이며 길이와 폭이 각 9㎝로 가장자리가 조금 들어가 있고 전체가 딱딱하며 연잎처럼 물에 젖지 않는다.

▲ 전초 압화

▶꽃과 열매

꽃은 홍자색이고 지름이 2㎝가량 되며 1~2개의 꽃줄기가 잎보다 먼저 나오고 끝에 꽃이 1개씩 달린다. 개화 후 꽃잎은 약한 바람에도 떨어지기 때문에 다른 꽃보다 빨리 꽃이 진다. 열매는 7월경에 넓은 타원형으로 달리고 종자는 흑색이다.

자생지를 가보면 한 줄로 길게 자생하는 것을 볼 수 있는데, 이는 종자가 땅에 떨어지면 이것을 개미와 같은 매개충들이 옮기는 과정에서 비롯된 것이 아닌가 생각된다. 특히 많은 자생지가 훼손된 것은 한약재의 중요 재료로 이용되고 있기 때문인데, 이는 중국과 일본에서 생산되는 것보다 우리나라에서 생산된 것이 월등히 우수한 까닭이다. '조황련' 혹은 '선황련'이라는 이름으로 불렸다.

▲ 깽깽이풀_ 새순 올라오는 모습

▲ 깽깽이풀_ 잎

▲ 깽깽이풀_ 꽃

▲ 깽깽이풀_ 시드는 모습   ▲ 깽깽이풀_ 종자 결실

관리 및 번식요령

▶ **관리법**

화분이나 화단에 심는다. 햇살이 잘 드는 곳에서 키우는 것이 좋다. 특히 꽃이 활짝 피었을 때는 물을 주지 않는 것이 좋다. 꽃이 약하기 때문에 조금만 바람이 불어도 쉽게 떨어지기 때문이다. 가을이면 잎이 없기 때문에 물을 조금씩 준다.

▶ **번식법**

7월에 익은 종자를 바로 화분이나 화단에 뿌리는 것이 가장 좋다. 그해에 발아된 종자는 이듬해 꽃을 피우지만 이듬해 봄에 뿌린 씨는 그 다음 해에 꽃이 피기 때문이다.

▶ **채취방법** : 줄기가 시들고 없는 가을에 뿌리를 포함한 전초를 채취한 후 지상부의 줄기와 가는 수염뿌리를 제거하고 바람이 잘 통하고 햇볕이 좋은 곳에서 말린다.

▶ **성분**

berberine, coptisine, jatrorrhizine, palmatine, worenine, polyberbine, magnoflorine, obacunone, obaculactone

▶ **약용부위** : 뿌리

46 꽃창포

- 이 명 : 꽃장포, 들꽃장포, 들꽃창포
- 생약명 : 마린자(馬藺子)
- 학 명 : *Iris ensata* var. *spontanea* (Makino) Nakai
- 과 명 : 붓꽃과
- 개화기 : 6~7월

전초 압화 ▶

▶ 생육특성

꽃창포는 전국 각처의 산지에서 자라는 다년생 초본이다. 생육환경은 햇볕이 많이 드는 습지에서 자란다.

▶ 외경

키는 60~120㎝이고, 잎 표면은 광택이 많이 나는 녹색이고 가운데 줄이 선명하게 나타나며 길이는 20~60㎝, 폭은 0.5~1.5㎝이다.

▶ 꽃과 열매

꽃은 적자색으로 잎 사이에서 잎보다 작게 중간에서 원줄기 혹은 가지 끝에 달린다. 뿌리는 짧고 굵으며 갈색 섬유로 덮여 있다. 열매는 9월경에 갈색으로 익는데 끝이 뾰족하며 길이는 약 2.5~3㎝ 정도 되고 안에는 적갈색 종자가 많이 들어 있다. 관상용으로 쓰이며, 종자는 약용된다.

▲ 꽃창포_ 꽃봉오리

▲ 꽃창포_ 꽃

▲ 꽃창포_ 꽃 시드는 모습

▲ 꽃창포_ 종자 결실

▲ 꽃창포_ 무리

· 관리 및 번식요령

▶ 관리법 : 실내에서 키울 때는 수반에 물을 많이 담고 햇볕이 잘 드는 곳에 둔다.
실외에서 키울 때는 물웅덩이를 파서 다른 붓꽃과 식물들과 함께 심으면 좋다.

▶ 번식법 : 9월에 결실되는 종자를 냉장보관 후 이듬해 봄에 뿌리는데 종자가 딱딱
하기 때문에 물에 넣고 3∼5일 정도 종자를 불려서 사용한다. 또한 잎이 올라오는
봄에 줄기를 분리하여 번식시킨다.

▶ 약용부위 : 종자

· 유사 식물

노랑꽃창포

석창포

47 꽃향유

- 이 명 : 붉은향유
- 생약명 : 향유(香薷)
- 학 명 : *Elsholtzia splendens* Nakai
- 과 명 : 꿀풀과
- 개화기 : 9~10월

▶ 생육특성

꽃향유는 우리나라 중부 이남에 자생하는 1년생 초본이다. 생육환경은 양지 혹은 반그늘의 습기가 많은 풀숲에서 자란다.

▲ 전초 압화

▶ 외형

키는 약 50㎝이고, 잎 가장자리에 치아 모양의 둔한 톱니가 나 있으며, 길이는 8~12㎝ 정도이다.

▶ 꽃과 열매

꽃은 분홍빛이 나는 자주색으로 줄기 한쪽 방향으로만 빽빽이 뭉쳐서 피고, 길이는 6~15㎝이다. 열매는 11월에 달리고 꽃봉오리가 진 자리에 작고 많은 씨가 있다.

▲ 꽃향유_ 잎

▲ 꽃향유_ 꽃 피는 모습

▲ 꽃향유_ 시드는 모습

▲ 꽃향유_ 종자 결실

▶ **관리법**

강한 빛을 받지 않는 화단에 심는다. 향기가 강하기 때문에 낮은 곳에 심으면 높은 곳으로 향이 올라온다. 밀원식물로도 이용한다.

▶ **번식법**

11월에 결실되는 종자를 이듬해 봄 화단에 뿌린다.

▶ **채취방법**

꽃을 피우는 시기인 여름에서 가을까지 꽃이 핀 상태 혹은 시들었을 때, 종자가 결실되었을 때를 가리지 않고 전초를 채취하여 햇볕에 말리거나 또는 그늘에서 말린다.

▶ **성분**

elsholtzidiol, elsholtzia ketone, naginataketone, α-pinene, cineole, p-cymene, isovaleric acid, linalool, camphor, geraniol, n-caproic acid, isocaproic acid, oleic acid, linoic acid, linoleic acid, α-terpineol, carvacrol, gamma-terpinene, terpinene-4-ol, thymol

▶ **약용부위** : 전초

가는잎향유

좀향유

48 꿀풀

- 이 명 : 꿀방망이, 가지골나물, 가지래기꽃
- 생약명 : 하고초(夏苦草)
- 학 명 : *Prunella vulgaris* Linne var. *lilacina* Nakai
- 과 명 : 꿀풀과
- 개화기 : 5~8월

◀ 전초 압화

▶ 생육특성

꿀풀은 우리나라 각처의 산이나 들에서 자라는 다년생 초본이다. 생육환경은 산기슭이나 들의 양지바른 곳에서 뭉쳐서 핀다.

▶ 외형

키는 약 30cm 정도이며, 잎은 길이가 2~5cm이고 긴 난형으로 마주나며 줄기는 네모지고, 전체에 짧은 털이 있다.

▶ 꽃과 열매

꽃은 붉은색을 띤 보라색으로 길이는 3~8cm이고 줄기 위에 꽃이 층층이 모여 달리고 앞으로 나온 꽃잎은 입술 같은 모양이다. 열매는 7~8월경에 황갈색으로 달리고 꼬투리가 마른 채 가을에도 남아 있다.

▲ 꿀풀_ 새순 올라오는 모습

▲ 꿀풀_ 꽃

▲ 꿀풀_ 꽃 피기 전

▲ 꿀풀_ 종자 결실

▲ 꿀풀_ 무리

관리 및 번식요령

▶관리법 : 화분이나 화단 어디에 심어도 좋다. 토양이 비옥한 곳을 좋아하고 햇볕이 잘 드는 곳에 심는다. 물은 2~3일 간격으로 준다.

▶번식법 : 8~10월경에 결실되는 종자를 바로 화분에 뿌리고, 가을이나 봄에 뿌리를 이용한 포기나누기를 한다.

▶채취방법 : 이른 봄 4~5월경에 어린순을 채취하고, 꽃이 피는 여름에는 전초를 채취하여 바람이 잘 통하고 햇볕이 잘 들어오는 곳에서 말린다.

▶성분 : oleanolic, ursolic acid, hyperoside, rutin, carotene, tannin

▶식용법 : 어린순은 나물로 먹는다.

▶약용부위 : 꽃을 포함한 전초

유사 식물

흰꿀풀

꿩의바람꽃

- 생약명 : 죽절향부(竹節香附)
- 학 명 : *Anemone raddeana* Regel
- 과 명 : 미나리아재비과
- 개화기 : 4~5월

▶생육특성

꿩의바람꽃은 우리나라 각처의 산지에서 자라는 다년생 초본이다. 생육환경은 숲 속의 나무 아래에서 주로 자라며 양지와 반그늘에서 볼 수 있다.

▶외형

키는 10~15㎝이고, 잎은 한 줄기에서 3갈래로 갈라진다.

▶꽃과 열매

꽃은 흰색이고 긴 줄기 위에 한 송이만 자라는데 지름은 3~4㎝이다. 이 품종은 수분의 가늠자와 같은 역할을 하는데 주변에 수분이 많이 없으면 펴져 있던 잎이 말려서 수분이 부족한 것을 알 수 있게 한다. 뿌리는 길게 된 하나의 괴근 같은 모양을 하고 있으며 지하 약 10㎝가량에 묻혀 아래로 길게 뻗어 있다.

전초 압화

▲ 꿩의바람꽃_ 새순 올라오는 모습

▲ 꿩의바람꽃_ 꽃봉오리

▲ 꿩의바람꽃_ 개화 직전

▲ 꿩의바람꽃_ 꽃

▶관리법

화분이나 화단에 심는다. 햇살이 많이 들어오지 않는 곳이 좋다. 꽃이 흰색이어서 쉽게 탈색되기 때문이다. 물은 봄철에는 1∼2일에 한 번은 줘야 하며 여름에는 2∼3일 간격, 가을 겨울에는 5∼7일 정도에 한 번씩 주면 된다.

▶번식법

6∼7월경에 익은 종자를 이용하면 된다. 발아율이 높기 때문에 종자를 채종 후 바로 화단이나 화분에 뿌리는 것이 좋다. 뿌리가 길게 연결되어 있기 때문에 나누어 심는 것은 바람직하지 않다.

▶채취방법 : 꽃대가 없는 여름에 뿌리를 채취하여 이물질을 제거한 후 햇볕에 말린다.

▶성분 : fatsiaside, raddeanin, raddeanoside, eleutheroside

▶약용부위 : 뿌리

바람꽃

홀아비바람꽃

나도바람꽃

50 꿩의비름

- 이 명 : 큰꿩의비름(중)
- 생약명 : 경천(景天)
- 학 명 : *Hylotelephium erythrostictum* (Miq.) H.Ohba
- 과 명 : 돌나물과
- 개화기 : 8~9월

▲ 꿩의비름_ 전초(흰색)

▶ 생육특성

꿩의비름은 우리나라 각처의 산지에서 자라는 다년생 초본이다. 생육환경은 풀숲의 양지바른 곳이나 돌틈에서 자란다.

▶ 외형

키는 30~90㎝, 잎은 다육질로 되어 있으며 긴 타원형이다. 잎의 길이는 6~9㎝이고, 잎 가장자리에 톱니 같은 것이 나 있다.

▶ 꽃과 열매

꽃은 흰색 바탕에 붉은색이 돌고 위의 꽃은 꽃줄기가 길고 아래 꽃은 줄기가 짧으며 지름이 6~10㎝가량 된다. 열매는 10~11월에 달리고 작은 꽃들 안에 먼지처럼 들어 있기 때문에 종자를 받을 때 주의해야 한다.

▲ 꿩의비름_ 꽃봉오리

▲ 꿩의비름_ 꽃

▶관리법

돌 틈과 같이 물기가 많이 없는 화분이나 화단에 심는다. 공중습도는 다른 식물보다 높아·야 하기 때문에 계곡이나 연못이 옆에 있으면 좋다.

▶번식법

5~6월경에 잎과 원통형 줄기를 삽목하거나 10월 이후에 결실되는 종자를 바로 화분에 뿌리는 것이 좋다.

▶채취방법

처음 잎이 나온 새순과 잎이 무성하게 자란 여름에 잎을 채취하여 그늘에 말린다.

▶성분 : sedoheptulose

▶식용법

이른 봄 어린잎과 줄기를 따서 끓는 물에 데쳐 신맛을 제거하고 나물로 먹는다.

▶**약용부위** : 전초

세잎꿩의비름

둥근잎꿩의비름

51 나도개감채

- 이　명 : 산무릇, 꽃개감채, 가는잎두메무릇
- 학　명 : *Lloydia triflora* (Ledeb.) Baker
- 과　명 : 백합과
- 개화기 : 4~5월

◀ 전초 압화

▶생육특성

나도개감채는 우리나라 중부 및 북부 이북의 깊은 산에서 자라는 다년생 초본이다. 최근에는 남도 지방의 높은 산에서도 드물게 관찰되고 있기도 하다. 생육환경은 고산지역 반그늘의 비옥한 토양에서 자란다.

▶외형

키는 10~25cm 정도이며, 잎은 길이는 10~20cm, 폭은 1.2~2.5cm이고 가늘고 길게 자라 마치 파 잎과 같은 모양을 하고 있다.

▶꽃과 열매

꽃은 흰색 바탕에 녹색 줄이 있고, 폭은 1~2cm이며 꽃줄기에서 2~6송이 정도 달린다. 열매는 6~7월경에 달리고 달걀과 같은 모양이다. 뿌리는 구근으로 되어 있으며 비늘줄기는 넓은 타원형이다. 무리 지어 있는 모습은 잘 보이지 않고 드문드문 핀 모습은 많이 볼 수 있다.

▲ 나도개감채_ 꽃봉오리

▲ 나도개감채_ 꽃

▲ 나도개감채_ 꽃 뒷부분

관리 및 번식요령

▶ **관리밭**

서늘한 곳을 좋아하는 습성을 가지고 있기 때문에 가정에서 키우는 것은 다소 무리가 있다.

▶ **번식밭**

가을에 구근을 칼로 잘라서 하거나, 6~7월경에 열린 종자를 바로 화단에 뿌리거나 종자를 종이에 싸서 냉장보관 후 이듬해 봄에 파종한다. 바람직한 것은 종자로 하는 것인데 종자 발아는 공중습도를 높게 하여야 하며 개화기간은 2~3년 정도가 소요된다.

▶ **용도 : 관상용**

유사 식물

개감채_ 전초

개감채_ 꽃

개감채_ 무리

52 나도바람꽃

- 이 명 : 향수꽃
- 학 명 : *Enemion raddeanum* Regel
- 과 명 : 미나리아재비과
- 개화기 : 5~6월

▲ 전초 압화

▶ 생육특성

나도바람꽃은 우리나라 강원도 이북의 산지에서 자라는 다년생 초본이다. 생육환경은 볕이 잘 들어오지 않는 음습한 곳의 토양이 비옥한 땅에서 자란다.

▶ 외형

키는 20~30cm가량 되고, 뿌리에서 나온 잎이 뭉쳐 있는데, 표면은 녹색이고 뒷면은 분백색이며 짧은 털이 있으며 작은 잎은 난형이다.

▶ 꽃과 열매

꽃은 위로 향해 흰색으로 피고 꽃잎이 없으며 수술은 가늘고 많은 반면 암술대는 윗부분이 굵다. 열매는 6~7월경에 3~5개의 방으로 달린다.

▲ 나도바람꽃_ 꽃망울이 맺힌 모습

▲ 나도바람꽃_ 꽃이 피어나는 모습

▲ 나도바람꽃_ 꽃이 활짝 핀 모습

▲ 나도바람꽃_ 열매

▶관리법

남부지방보다는 중부 이북의 정원을 조성하는 데 적합한 품종이다. 바람꽃 종류 가운데 꽃이 많이 피고 개화기가 길기 때문에 관상용으로 적합한 품종 중의 하나 이다. 서늘하고 주변습도가 높으며 빛이 많이 들어오지 않는 곳에 심는다. 퇴비가 많이 필요하지 않은 품종이고 물은 1~2일 간격으로 준다.

▶번식법

종자 번식을 권장하고 싶은 품종이다. 뿌리나누기를 하기에는 많은 문제가 있고 종자 결실이 잘 되는 품종이기 때문이다. 7월경에 받은 종자는 수분기가 있게 한 후 냉장고에 보관 후 9월경에 뿌린다. 종자를 뿌리기 전에 반드시 물에 3~4일 정 도 담근 후 뿌려야 발아율을 높일 수 있다. 종자 발아율이 저조한 품종이기 때문 에 많이 뿌려야 한다.

▶용도 : 관상용

· 유사 식물

너도바람꽃

만주바람꽃

변산바람꽃

53 나도제비란

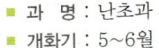

- 이　명 : 차일봉무엽란, 방울난초, 큰홀잎난초
- 학　명 : *Orchis cyclochila* (Franch. & Sav.) Maxim.
- 과　명 : 난초과
- 개화기 : 5~6월

▶ 생육특성

나도제비란은 지리산과 제주도 한라산, 함경도의 높은 산에서 자라는 다년
생 초본이다. 생육환경은 고산지역의 습도가 높은 양지쪽에서 자란다.

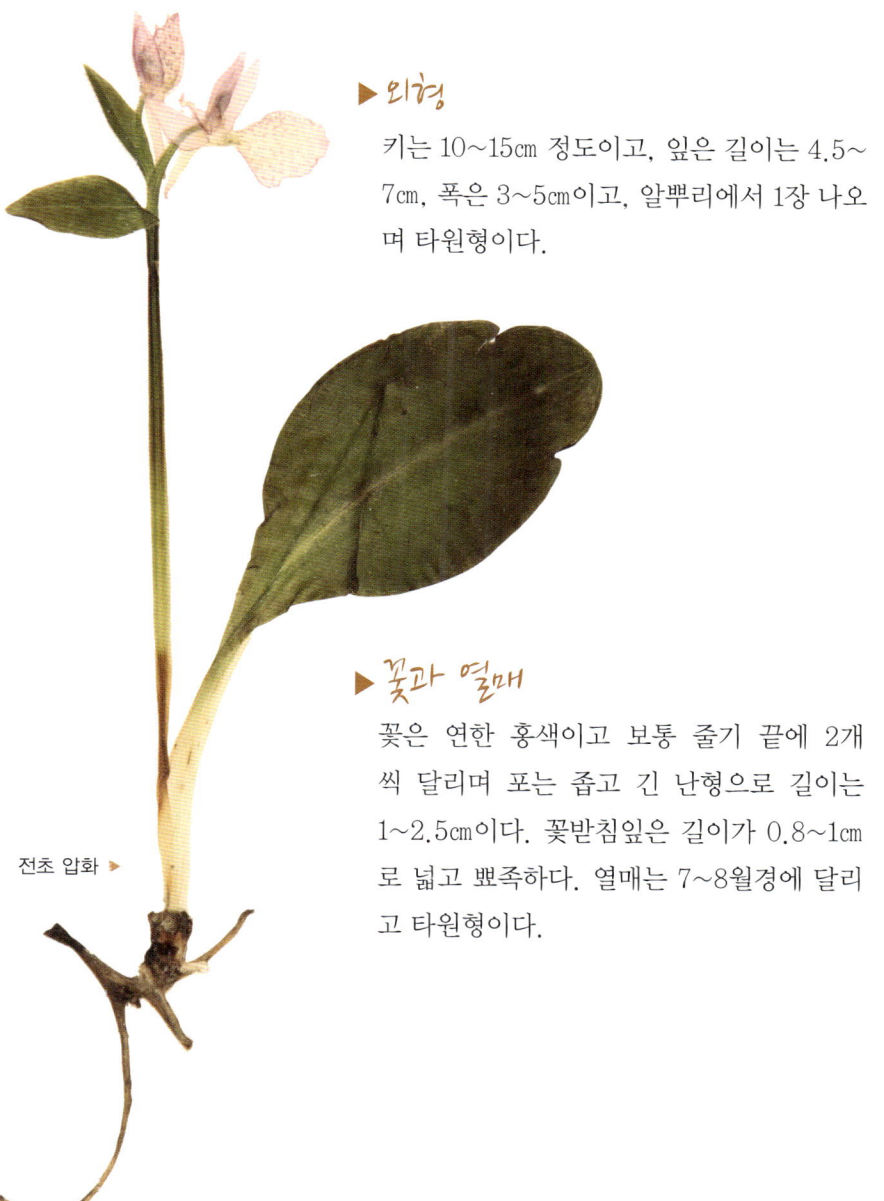

▶ 외형

키는 10~15㎝ 정도이고, 잎은 길이는 4.5~
7㎝, 폭은 3~5㎝이고, 알뿌리에서 1장 나오
며 타원형이다.

▶ 꽃과 열매

꽃은 연한 홍색이고 보통 줄기 끝에 2개
씩 달리며 포는 좁고 긴 난형으로 길이는
1~2.5㎝이다. 꽃받침잎은 길이가 0.8~1㎝
로 넓고 뾰족하다. 열매는 7~8월경에 달리
고 타원형이다.

전초 압화 ▶

▲ 나도제비란_ 새순 올라오는 모습

▲ 나도제비란_ 꽃

· 관리 및 번식요령

▶관리법

일반 난보다 관리하는 것이 힘들다. 높은 고원에 사는 식물이고 습도가 높은 곳을 좋아하기 때문에 그 조건을 맞추어주기는 힘들다.

▶번식법

가을에 구근을 잘라 나누거나, 7~8월경에 익은 종자를 습기가 많은 조건을 만들어 바로 파종한다.

▶용도 : 관상용

· 유사 식물

제비란

54 나비나물

- 생약명 : 왜두채(歪頭菜)
- 학 명 : *Vicia unijuga* A. Braun
- 과 명 : 콩과
- 개화기 : 8월

▲ 전초 압화

▶ 생육특성

나비나물은 우리나라 각처의 산과 들에서 자라는 다년생 초본이다. 생육환경은 풀숲이나 볕이 잘 들어오는 경사지고 부엽질이 풍부한 곳에서 자란다.

▶ 외형

키는 30~100㎝이고, 잎의 길이는 3~8㎝, 폭은 2~4㎝로 한 쌍의 작은 잎이 어긋나며 끝이 길게 뾰족해진다. 줄기는 약간 비스듬히 자라고 원줄기는 능선으로 인해 네모진다.

▶ 꽃과 열매

꽃은 홍자색으로 길이 1.2~1.5㎝의 나비 모양으로 잎겨드랑이에서 한쪽으로 치우치며 달린다. 열매는 9~10월경에 길이가 약 3㎝ 정도 되며 완두콩과 유사하게 닮았다.

▲ 나비나물_ 꽃봉오리

▲ 나비나물_ 개화 전

▲ 나비나물_ 꽃

▶관리법

햇볕이 잘 드는 곳을 선정하여 퇴비를 넣은 후 심는다. 바람이 잘 통하는 곳에 심는 것드 중요하다. 물 빠짐이 좋지 않으면 몇 년 지나면 묘종이 썩기 때문에 물 빠짐이 좋은 곳을 선정해야 한다. 물은 잎이 많이 올라오는 봄철에는 2~3일 간격으로 주고 여름에는 3~4일 간격으로 준다.

▶번식밭

10월경에 받은 종자를 받은 후 물에 하루가량 불린 후 뿌리면 발아율이 높다. 그렇지 않으면 모래와 섞은 후 손으로 비벼 종피를 약하게 한 후 뿌려도 좋다. 보관해야 하는 종자는 종이에 물을 적셔 마르지 않게 한 후 냉장보관하여 이듬해 봄에 뿌린다-. 발아율은 모두 높은 편이다.

▶채취방법

이른 봄에는 어린순, 꽃이 필 때는 꽃을 포함한 전초를 채취 후 이물질을 제거하고 햇볕에 말린다.

▶성분 : comosiin, luteolin-7-glucoside

▶식용법 : 이른 봄 어린순은 끓는 물에 데쳐서 나물로 먹고, 꽃은 튀김으로도 먹는다.

▶약용부위 : 꽃을 포함한 전초

난쟁이바위솔

- 이　명 : 난장이바위솔
- 생약명 : 와송(瓦松)
- 학　명 : *Orostachys sikokianus* (Makino) Ohwi
- 과　명 : 돌나물과
- 개화기 : 8~9월

▶ 생육특성

난쟁이바위솔은 우리나라 각처의 높은 산에서 자라는 다년생 초본이다. 생육환경은 안개가 많은 산의 바위틈에서 주로 자생한다.

▶ 외형

키는 약 10㎝ 내외이고, 잎은 줄기 끝에 모여 있으며 길이는 1.2~1.7㎝, 끝이 뾰족하다.

▶ 꽃과 열매

꽃은 흰색과 연분홍색이며 지름은 0.5~0.8㎝ 정도이다. 열매는 10~11월에 달리고 미세하다. 이 식물은 안개에서 뿜어내는 습기를 먹고 살아가기 때문에 안개가 끼지 않아 수분기가 없는 곳에서는 꽃이 연분홍색으로 자란다. 그러다가 다시 수분이 많아지면 잎의 푸른색이 돌아오고 꽃도 흰색으로 된다. 관상용으로 쓰인다.

전초 압화 ▶

▲ 난쟁이바위솔_ 잎이 커진 모습

▲ 난쟁이바위솔_ 종자 결실

▲ 난쟁이바위솔_ 꽃

▲ 난쟁이바위솔_ 무리

관리 및 번식요령

▶ **관리법**

그늘이 많이 진 화단의 바위 위에 흙이나
이끼를 채워 심어야 한다. 햇볕을 많이 받
으면 수분이 빨리 증발하고 잎이 타거나
돌의 온도가 올라가 식물이 죽는 일이 있
기 때문에 강한 햇볕은 피해야 한다. 물은
공중습도를 높이기 위해 하루에 2~3회
분무기로 뿌려준다.

▶ **번식법**

10~11월에 결실되는 종자를 종이에 싸
서 냉장보관하여 2월경에 화분에 뿌리면
되고, 가을이나 봄에 싹이 조금 올라오면
포기나누기한다.

▶ **약용부위** : 전초

유사 식물

바위솔

⑤⑥ 날개하늘나리

- 학 명 : *Lilium dauricum* KerGawl.
- 과 명 : 백합과
- 개화기 : 7~8월

▲ 전초 압화

▶생육특성

날개하늘나리는 중부 이북의 산에
서 자라는 다년생 초본이다. 생육환
경은 반그늘이고 토양은 모래가 많
이 포함되고 부엽질이 많은 곳에서
자란다.

▶외형

키는 30~80㎝이고, 잎은 잎자루가
없이 뾰족하고 길이는 5~12㎝, 폭은
5~10㎝이다.

▶꽃과 열매

꽃은 길이가 7~8㎝이고, 황적색 바
탕에 자주색 반점이 있으며 원줄기
끝과 가지 끝에 1~6개가 우산 모양
으로 위를 향해 핀다. 열매는 9~10
월에 익으며 길이는 4~5㎝로 곧게
선다. 관상용으로 쓰이며 비늘줄기
는 식용으로 이용한다.

▲ 날개하늘나리_ 꽃봉오리

▲ 날개하늘나리_ 꽃

관리 및 번식요령

▶ **관리법** : 서늘한 곳에서 자라는 품종이기 때문에 그늘이 많거나 부엽질이 많은 화단에 심는다. 물은 2~3일 간격으로 준다.

▶ **번식법** : 늦가을이나 이른 봄에 인편을 따서 하는 방법과 9~10월경에 종자를 따서 화단이나 화분에 바로 뿌리는 방법이 있다.

▶ **채취요령** : 이른 봄 새순이 올라올 때 구근을 캐거나 늦가을에 줄기가 고사한 후 줄기를 제거하고 구근을 채취한다. 꽃대가 올라오면 구근이 쪼그라들어 영양분이 지상으로 올라가 있으므로 식용가치가 떨어진다.

▶ **식용법** : 어린순은 나물로 먹고 비늘줄기는 구황작물로도 먹었다.

▶ **약용부위** : 구근

유사 식물

참나리

솔나리

누른하늘말나리

지리산하늘말나리

중나리

말나리

하늘말나리

57 노랑매미꽃

- 이 명 : 피나물, 매미꽃, 봄매미꽃, 선매미꽃
- 생약명 : 하청화근(荷靑花根)
- 학 명 : *Hylomecon vernalis* Maxim.
- 과 명 : 양귀비과
- 개화기 : 4~5월

▶ 생육특성

노랑매미꽃은 우리나라 중부 이북 숲에서 자라는 다년생 초본이다. 생육환경은 반그늘이며 주변에 습기가 많은 곳에서 자란다.

▶ 외형

키는 약 30㎝ 정도 되고, 줄기 아래에 난 잎은 크고 깃 모양이며, 윗부분의 잎은 작은잎이 3~5장 정도 달리고 가장자리에 불규칙한 톱니가 있다.

▶ 꽃과 열매

꽃은 선명한 황색이고 원줄기 끝의 잎겨드랑이에서 1~3개의 긴 꽃줄기가 나오고 끝에 한 송이씩 달린다. 열매는 6~7월경에 길이 3~5㎝, 지름 약 0.3㎝ 정도로 뾰족하게 달리고 안에 많은 종자가 들어 있다. 줄기를 자르면 붉은색 액체가 나오기 때문에 '피나물'이라고도 한다.

▲ 노랑매미꽃_ 잎

▲ 노랑매미꽃_ 꽃봉오리    ▲ 노랑매미꽃_ 종자 결실

▲ 노랑매미꽃_ 꽃

관리 및 번식요령

▶ **관리법**

화분이나 물기가 많은 화단에 심는다. 잎이 많은 식물이기 때문에 관수를 많이 해주어야 한다. 특히 자생지 조건을 보면 주변습도가 높은 곳과 물기가 많은 곳에서 잘 자라기 때문이다.

▶ **번식법**

6~7월에 달리는 종자를 화분이나 화단에 바로 뿌리거나 종자를 종이에 싸서 냉장보관 후 가을이나 봄에 뿌리고 가을이나 이른 봄에 뿌리를 잘라 포기나누기를 한 후 뿌리가 발달되면 옮겨심기한다.

▶ **채취방법**

이른 봄에는 갓 올라온 어린순을 채취하고, 뿌리는 여름이나 가을에 채취하여 이물질을 제거한 후 햇볕에 말린다.

▶ **성분**

cryptopine, protopine, chelidonine, alkaloid, allocryptopine, coptisine, berberine, sanguinarine, chelerythrine, chelirubine

▶ **식용법**

어린순은 나물로 먹는데 독성이 강해 끓는 물에 데친 후 물에 1~2일 정도 담가 독성을 제거한 후 먹는다.

▶ **약용부위** : 뿌리

- 이 명 : 뾰족노루귀
- 생약명 : 장이세신(獐耳細辛)
- 학 명 : *Hepatica asiatica* Nakai
- 과 명 : 미나리아재비과
- 개화기 : 4~5월

▶ 생육특성

노루귀는 우리나라 각처의 산지에서 자라는 다년생 초본이다. 생육특성은 토양이 비옥한 나무 밑에서 자라며 양지식물이다.

▶ 외형

키는 9~14㎝이고, 잎은 길이는 5㎝이고, 세 갈래로 난 잎은 난형이며 끝이 둔하고 솜털이 많이 나 있다.

▶ 꽃과 열매

꽃은 4월에 흰색, 분홍색, 청색으로 꽃줄기 위로 한 송이가 달리고 지름이 약 1.5㎝ 정도이다. 열매는 6월에 달린다. 꽃이 피고 나면 잎이 나오기 시작하는데 모습이 마치 노루의 귀를 닮았다고 해서 붙여진 이름이다. 유사한 것으로는 분홍색과 청색으로 피는 종이 있다.

▲ 노루귀_ 잎 올라오는 모습

▲ 노루귀_ 잎 펼쳐진 모습

▲ 노루귀_ 꽃(분홍)이 피기 전

▲ 노루귀_ 종자 결실된 모습

▲ 노루귀_ 흰색 꽃

▲ 노루귀_ 청색 꽃

256

관리 및 번식요령

▶관리법

화분이나 화단에 심는다. 양지쪽에 심고 수분이 많이 필요하지 않은 식물이기 때문에 물은 2~3일에 한 번씩 주면 된다.

▶번식법

가을에 뿌리 부분의 포기를 나누고, 6월에 받은 종자는 바로 뿌리고 종자 발아 후 20~3C일이 지나면 옮겨심기한다.

▶채취방법

이른 봄 어린잎을 채취하고, 전초를 여름에 채취하여 햇볕에 말린다.

▶성분 : saponin, hepatrilobin, saccharose, invertin

▶식용법

이른 돋 꽃이 시든 후 자라는 잎을 채취하여 나물로 먹는다. 잎에는 약간 쓴맛이 있으므로 살짝 데쳐 쓴맛을 제거한 후 먹는다.

▶**약용부위** : 뿌리를 포함한 전초

유사 식물

새끼노루귀

⑤⑨ 노루발

- 이　명 : 노루발풀
- 생약명 : 녹제초(鹿蹄草)
- 학　명 : *Pyrola japonica* Klenze ex Alef.
- 과　명 : 노루발과
- 개화기 : 6~7월

▶ 생육특성

노루발은 우리나라 각처의 산에서 자라는 상록 다년생 초본이다. 생육환경은 반그늘의 낙엽수 아래에서 자란다

▶ 외형

키는 약 25㎝ 내외이고, 잎은 길이는 5~7㎝, 폭은 3~5㎝이고 밑동에서 뭉쳐서 나며 넓은 타원형이다.

▶ 꽃과 열매

꽃은 흰색이고 길이는 10~25㎝, 지름은 1.2~1.5㎝로 윗부분에 2~12개 정도의 꽃이 무리 지어 달리며 능선이 있고 1~2개의 비늘과 같은 잎이 있다. 열매는 9~10월경에 달리고 흑갈색으로 이듬해까지 남아 있다.

잎에는 많은 광택이 나고 한겨울에도 잎이 고사하지 않는 특징을 가지고 있다. 옮겨심기가 까다로운 식물이어서 채취하지 말아야 한다.

▲ 전초 압화

▲ 노루발_ 새순 올라오는 모습

▲ 노루발_ 꽃봉오리

▲ 노루발_ 꽃

▲ 노루발_ 씨방

▶관리법

상록성이기 때문에 햇살이 많이 들어오며 통풍이 잘 되는 곳에 두고 화분이나 화단에 심는다. 또한 토양은 산성을 좋아하는 습성이 있어 pH 5.8~6.2 정도의 약산성 토양을 맞추어주어야 한다.

▶번식법

9월에 익는 종자를 바로 뿌리거나 이른 봄 싹이 올라올 때 그 부분의 뿌리를 같이 붙여 포기를 나눈다. 옮겨심기가 까다로워 종자가 발아한 후 뿌리가 잘 발달되면 어린 묘를 옮겨심기하면 잘 산다.

▶채취시기

연중 채취가 가능하지만 개화기에 채취하는 것이 가장 좋다.

▶식용법

채취한 잎은 연하고 부드럽게 수분이 약 60~80% 정도 되게 햇볕에서 말린 후 잎색이 변하면 햇볕에서 완전히 수분을 제거하기 위해 한 번 더 말린다.

▶**약용부위** : 뿌리를 포함한 전초

매화노루발

홀꽃노루발

- **생약명** : 녹두승마(綠豆升麻)
- **학 명** : *Actaea asiatica* H. Hara
- **과 명** : 미나리아재비과
- **개화기** : 5~6월

▶ 전초 갑화

▶ 생육특성

노루삼은 우리나라 각처의 산에서 자라는 다년생 초본이다. 생육환경은 약간 습하고 그늘진 산지에서 자란다.

▶ 외형

키는 약 60㎝ 내외이고, 잎은 길이가 4~10㎝이고, 작은잎은 난형이며 가장자리에 뾰족한 톱니가 있고 끝이 뾰족하다. 줄기 아래에 있는 잎은 비늘조각과 같은 모양을 하고 있다.

▶ 꽃과 열매

꽃은 흰색이며 줄기 윗부분에 길이 3~5㎝로 뭉쳐 달린다. 작은꽃 길이는 1~1.5㎝, 지름이 약 0.1㎝ 정도이고 시들 무렵에는 암적색으로 된다. 열매는 7~8월경에 검고 길게 달린다.

▲ 노루삼_ 잎

▲ 노루삼_ 줄기

▲ 노루삼_ 꽃

▲ 노루삼_ 꽃 시드는 모습

▲ 노루삼_ 종자 결실 전   ▲ 노루삼_ 열매

관리 및 번식요령

▶관리법
반그늘에서 키우며 수분이 많지 않아도
잘 살아가는 식물이다. 물은 2~3일에 한
번 정도 주면 된다.

▶번식법
8월에 꽃 끝에서 검은색이 달리는데 이
것이 종자이다. 종자를 받은 후 종이에
싸서 냉장보관하거나 바로 뿌리는 것이
좋다. 또한 큰 뿌리는 가을에 뿌리나누
기를 한다.

▶채취방법 : 지상부가 시든 가을에 뿌리를
포함한 전초를 채취하여 지상부를 제거
하고 뿌리에 붙어 있는 이물질을 제거한
후 햇볕에 말린다.

▶약용부위 : 뿌리

유사 식물

촛대승마

61 노루오줌

- 이 명 : 큰노루오줌, 왕노루오줌, 노루풀
- 생약명 : 적소마(赤小麻), 적승마(赤升麻)
- 학 명 : *Astilbe rubra* Hook. f. & Thomson
- 과 명 : 범의귀과
- 개화기 : 7~8월

◀ 전초 압화

▶생육특성

노루오줌은 우리나라 각처의 산에서 자라는 다년생 초본이다. 생육환경은 산지의 숲 아래나 습기와 물기가 많은 곳에서 자란다.

▶외형

키는 60㎝ 내외이고, 잎은 넓은 타원형으로 끝이 길게 뾰족하며, 잎 가장자리가 깊게 패어 들고 톱니가 있으며 길이는 2~8㎝이다.

▶꽃과 열매

꽃은 연한 분홍색으로 피는데 길이가 25~30㎝ 정도이다. 열매는 9~10월에 달리며 갈색으로 변한 열매 안은 미세한 종자들이 많이 들어 있다. 이 품종은 뿌리를 캐어 들면 오줌 냄새와 비슷한 냄새가 난다. 외국에서는 많은 품종들이 육종되어 '아스틸베(Astilbe)'라는 절화식물로 이용된다.

▲ 노루오줌_ 새순 올라오는 모습

▲ 노루오줌_ 꽃봉오리

▲ 노루오줌_ 꽃

▲ 노루오줌_ 종자 결실

▲ 노루오줌_ 무리

관리 및 번식요령

▶관리법

화분이나 화단에 심는다. 물기가 많은 곳이나 마른 곳 어디에 심어도 좋은 품종이다. 하지만 물기가 많이 없으면 잎이 타는 현상이 생기기 때문에 마른 땅에서는 매일 물을 줘야 한다.

▶번식법

가을이나 봄에 포기나누기를 하여 수를 늘리는 방법이 있고 9~10월경에 달리는 작은 종자를 모아서 종이에 싸서 냉장보관하였다가 이듬해 2월경 화분에 뿌리면 된다. 종자는 꽃송이마다 열리기 때문에 숫자는 많지만 싹이 트는 것이 적기 때문에 뿌릴 때 가능하면 많이 뿌리는 것이 좋다.

▶채취방법

이른 봄 솜털이 많이 나 있는 어린순은 채취하여 나물로 먹고, 꽃대를 포함한 전초는 가을에 채취하여 이물질을 제거한 후 바람이 잘 통하고 햇볕이 잘 들어오는 곳에서 말린다.

▶성분 : astilbin, bergenin, quercetin

▶식용법 : 어린순을 채취하여 나물로 먹는다.

▶약용부위 : 꽃대를 포함한 전초

62 눈개승마

- 이 명 : 삼나물, 죽토자
- 생약명 : 눈산승마, 죽토자(竹土子)
- 학 명 : *Aruncus dioicus* var. *kamtschaticus* (Maxim.) H. Hara
- 과 명 : 장미과
- 개화기 : 6~8월

▲ 전초 압화

▶ 생육특성

눈개승마는 전국 각처의 고산지역
에서 자라는 다년생 초본이다. 생
육환경은 낙엽이 많으며 반그늘
혹은 음지에서 자생한다.

▶ 외경

키는 30~100㎝이고, 잎은 길이는 3~10㎝, 폭은 1~6㎝로 광택이 나는
긴 잎자루를 가지고 있으며 2~3회 정도 깃털과 같은 모양으로 갈라지고
끝이 뾰족하고 가장자리에 파고드는 모양의 톱니가 있다.

▶ 꽃과 열매

꽃은 흰색으로 길이가 10~30㎝이며 부채꽃 모양으로 펼쳐지고 아래에서
부터 피어서 위로 올라간다. 열매는 7~8월에 익고 갈색으로 타원형이고
길이 0.25㎝가량이며 익을 때는 광채가 있다.

▲ 눈개승마_ 잎

▲ 눈개승마_ 꽃

▲ 눈개승마_ 종자 결실

▲ 눈개승마_ 무리

관리 및 번식요령

▶ **관리법** : 햇살이 많이 들어오는 곳에 심고 서늘한 공기가 있어야 잘 자란다. 따라서 공기 순환이 잘되는 곳이 적합하다. 이런 조건에 두지 않으면 그해에는 꽃이 피지만 다음 해부터는 잘 피지 않고 사라지고 만다.

▶ **번식법** : 8월경 익은 종자를 따는데 꽃 모양과는 달리 종자는 미세종자여서 뿌리기가 어렵다. 하지만 이런 미세종자들은 물뿌리개에 종자를 담그고 이를 저어 바로 상토에 뿌려 그 위에 흙을 살짝 덮으면 된다. 종자 수가 많으므로 뿌리고 남은 종자는 반드시 종이에 싸서 냉장보관한다.

▶ **채취방법** : 이른 봄 어린순을 가을에는 전초를 채취하여 이물질을 제거한 후 햇볕에 말린다.

▶ **식용법** : 어린순은 생으로 말리거나 끓는 물에 살짝 데친 후 말려서 묵나물로 먹는다. 울릉도에서는 이 품종을 '삼나물'이라 하여 판매하고 있다.

▶ **약용부위** : 전초

유사 식물

개승마

나도승마

한라개승마

촛대승마

63 다람쥐꼬리

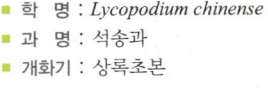

- **이　명** : 북솔석송, 탐라쥐꼬리
- **생약명** : 소접근초(小接筋草)
- **학　명** : *Lycopodium chinense* H. Christ
- **과　명** : 석송과
- **개화기** : 상록초본

▲ 전초 압화

▶생육특성

다람쥐꼬리는 한라산, 지리산 및 북부 지방의 산지에서 자라는 다년생 상록 초
본이다. 생육환경은 습기가 많고 햇볕이 잘 들지 않는 바위틈이나 계곡에서 자
란다.

▶ 외형

키는 5~15㎝이고, 잎은 길이가 0.3~0.7㎝, 폭은 0.1㎝ 내외로 작고 가늘며 윗부분으로 올라가면서 비스듬히 위로 향하지만 아랫부분에서는 젖혀지기도 한다. 가지는 곧게 서며 몇 번씩 갈라진다. 가지 끝부분에 생기는 부정아는 대가 없고 녹색이며 좌우에 날개가 있고 끝이 파지며 땅에 떨어지면 싹이 돋아서 새로운 개체가 된다.

▶ 꽃과 열매

상록 양치식물인 석송과에 속한다. 그래서 꽃이 피지 않고 식물의 눈이 잎면이나 뿌리의 일부 등에서 생기는 부정아로 번식한다. 관상용으로 쓰인다.

▲ 다람쥐꼬리_ 새순 올라오는 모습

▲ 다람쥐꼬리_ 무리

관리 및 번식요령

▶관리법

　높고 서늘하며 습기가 많은 곳에서 자라기 때문에 관리하기 어려운 품종이다.

▶번식법 : 포자 혹은 가지의 끝부분 부정아로 번식한다.

▶약용부위 : 전초

64 달래

- 이 명 : 들달래, 쇠달래, 애기달래
- 생약명 : 해백(薤白), 해엽(薤葉), 야산(野蒜)
- 학 명 : *Allium monanthum* Maxim.
- 과 명 : 백합과
- 개화기 : 4월

▶ 생육특성

달래는 우리나라 중부 이남의 산이나 들에 자라는 다년생 초본이다. 생육환경은 풀숲 반그늘의 토양이 비옥한 땅에서 자란다.

▶ 외형

키는 5~12㎝, 잎은 길이가 10~20㎝, 폭은 0.3~0.8㎝로 뿌리에서 1~2장 나오며 부채꼴 모양이다.

▶ 꽃과 열매

꽃은 흰색 또는 붉은색이 도는 흰색으로 꽃줄기 끝에 1~2송이 달린다. 꽃이 피기 전에는 비늘과 같은 것이 꽃을 감싸고 있다. 열매는 6~7월경에 달리고 검고 둥글다. 주변에서 많이 볼 수 있는 품종이며, 유사한 종으로는 산달래가 있다.

▲ 전초 압화

▲ 달래_ 눈 사이로 올라오는 새순

▲ 달래_ 잎

▲ 달래_ 줄기

▲ 달래_ 꽃봉오리

▲ 달래_ 꽃

·관리 및 번식요령

▶**관리법**

반그늘에서 재배하며 관수는 잎이 작기 때문에 2~3일에 한 번씩만 주면 되고 화분이나 화단에 심는다.

▶**번식법**

이른 봄에 뿌리나누기를 하거나 6~7월에 결실된 종자를 화단에 바로 뿌린다.

▶**채취방법**

이른 봄에는 어린순을 나물로 먹고, 꽃이 시든 후에는 구근을 채취하여 햇볕이나 그늘에 말린다.

▶**성분** : alliin, methyl alliin, allicin, scorodose

▶**식용법**

이른 봄 입맛이 없을 때 먹는 좋은 재료이다. 잎과 알뿌리를 생것으로 무침이나 부침 재료로 이용하면 봄의 기운을 얻을 수 있다.

▶**약용부위** : 뿌리

65 닭의난초

- 이 명 : 닭의란
- 학 명 : *Epipactis thunbergii* A. Gray
- 과 명 : 난초과
- 개화기 : 6~7월

▶ 생육특성

닭의난초는 중부 이남의 산지에서 자라는 다년생 초본이다. 생육환경은 햇볕이 잘 들고 투엽질이 풍부하며 배수가 잘 되는 곳에서 자란다.

▶ 외형

키는 30~70㎝이고, 잎은 길이가 6~13㎝, 폭이 3~5㎝로 좁은 난형이며 주름이 많고 끝부분이 뾰족하다. 뿌리는 옆으로 뻗으며 마디마디에서 뿌리를 내린다.

◀ 전초 압화

▶ 꽃과 열매

꽃은 원줄기를 따라 위로 올라가며 피고 황갈색으로 꽃 안쪽에는 홍자색의 반점이 있다. 열매는 9월경에 아래로 처지면서 달리고 안에는 먼지와 같은 종자가 많이 들어 있으며 길이가 2~2.5㎝이다. 관상용으로 쓰인다.

▲ 닭의난초_ 새순 올라오는 모습

▲ 닭의난초_ 잎

▲ 닭의난초_ 꽃대 올라오는 모습

▲ 닭의난초_ 꽃

▲ 닭의난초_ 종자 결실

관리 및 번식요령

▶관리법 : 화분에 심어 햇볕이 잘 드는 곳에 두면 좋다. 실외에 심을 때는 햇볕이 잘 들어오고 번식이 잘 되지 않는 식물 사이에 심는 것이 좋으며 물은 3~4일 간격으로 준다.

▶번식법 : 종자를 따서 종이에 싸 냉장고에 보관 후 이듬해 봄에 뿌린다. 종자를 뿌릴 때는 모래 위에 이끼를 깔고 먼지 뿌리듯 종자를 털어 이끼 사이에 들어가게 한 후 물을 줘서 종자를 가라앉히고 위에 신문지나 비닐로 덮어 10~15일 후 열어준다.

유사 식물

병아리난초

청닭의난초

66 닭의장풀

- 이 명 : 닭의밑씻개, 닭기씻개비, 닭의꼬꼬, 닭개비, 닭의발씻개
- 생약명 : 죽엽채(竹葉菜), 압척초(鴨跖草)
- 학 명 : *Commelina communis* L.
- 과 명 : 닭의장풀과
- 개화기 : 7~8월

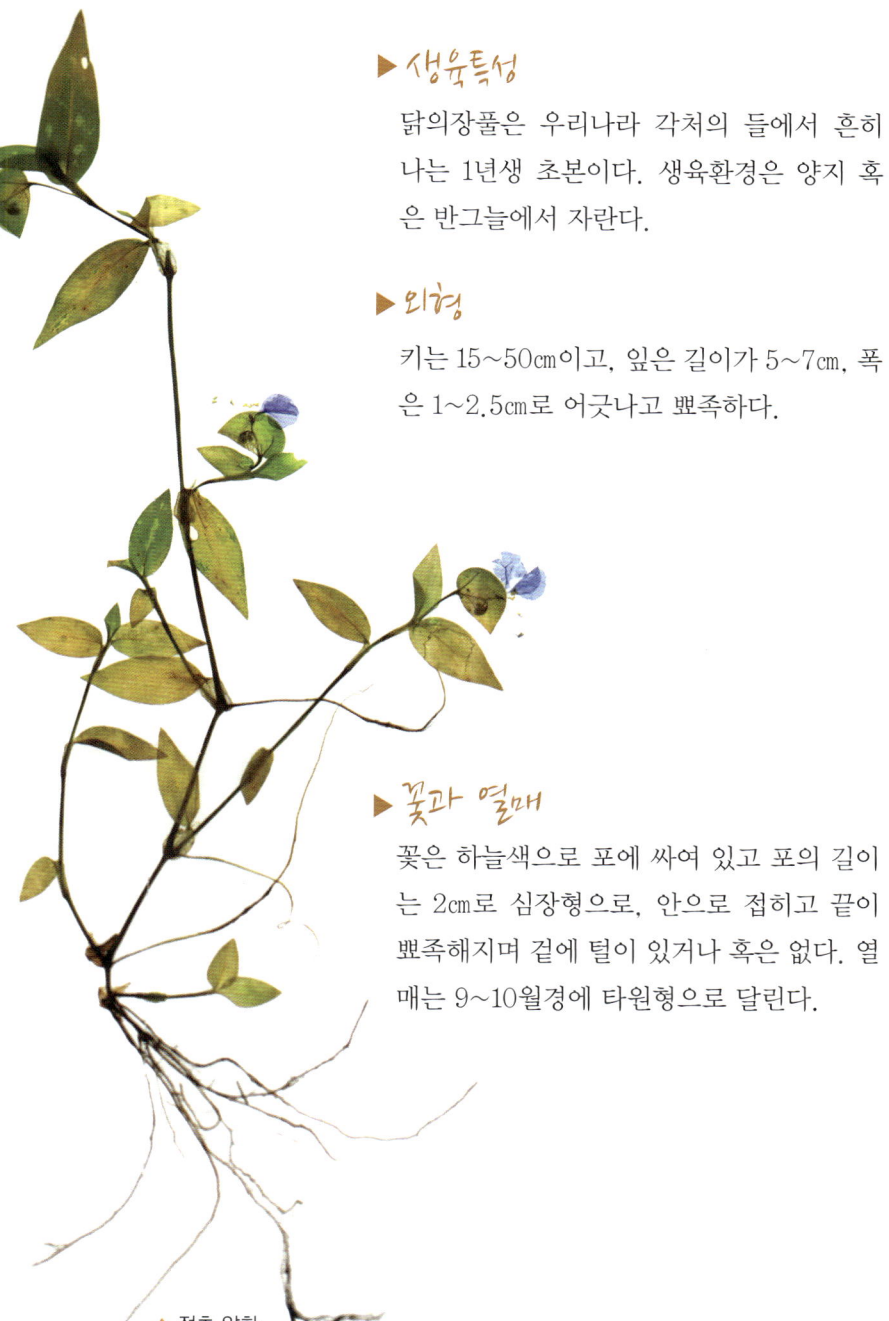

▶ 생육특성

닭의장풀은 우리나라 각처의 들에서 흔히 나는 1년생 초본이다. 생육환경은 양지 혹은 반그늘에서 자란다.

▶ 외형

키는 15~50cm이고, 잎은 길이가 5~7cm, 폭은 1~2.5cm로 어긋나고 뾰족하다.

▶ 꽃과 열매

꽃은 하늘색으로 포에 싸여 있고 포의 길이는 2cm로 심장형으로, 안으로 접히고 끝이 뾰족해지며 겉에 털이 있거나 혹은 없다. 열매는 9~10월경에 타원형으로 달린다.

▲ 전초 압화

▲ 닭의장풀_ 새순 올라오는 모습

▲ 닭의장풀_ 종자 결실

▲ 닭의장풀_ 꽃

▶**관리법** : 어느 곳에서나 잘 자란다.

▶**번식법** : 10월에 받은 종자를 보관 후 이듬해 이른 봄에 뿌린다.

▶**채취방법** : 봄에 새순이 올라오는 것을 채취한다.

▶**성분** : awobanin, commelinin, daidzein, delphin, flavocommelin, friedelin, harman, carboline, norharman, quinic acid, violanin

▶**식용법** : 어린순은 나물로 먹는다.

▶**약용부의** : 전초

덩굴닭의장풀

좀닭의장풀

자주달개비

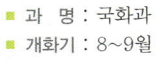

67 담배풀

- 이 명 : 담배나물, 학슬
- 생약명 : 천명정(天名精), 학슬(鶴蝨)
- 학 명 : *Carpesium abrotanoides* L. Compositae
- 과 명 : 국화과
- 개화기 : 8~9월

◀ 전초 압화

▶ 생육특성

담배풀은 울릉도, 제주도를 포함하여 전국 각처에서 나는 2년생 초본이다. 생육환경은 반그늘 진 곳에서 자라며 주변습도가 높고 부엽질이 많은 곳에서 자란다.

▶ 외형

키는 50~100cm이고, 아래에 있는 잎은 길이가 20~25cm, 폭은 8.5~15cm로 긴 타원형이며, 맥위에는 털이 있고 뒷면에는 선점이 있으며 가장자리에는 불규칙한 톱니가 있고 어긋난다. 줄기는 곧게 서고 윗부분에서 가지가 갈라지며 잔털이 많고, 뿌리는 목질이다.

▶ 꽃과 열매

꽃은 잎겨드랑이에서 지름 약 6~8cm로 황색으로 달리며, 작은꽃들이 130~300여 개가 뭉쳐 하나의 꽃처럼 보이며 수꽃과 양성의 통꽃이 같이 있다. 열매는 10~11월에 길이 약 0.4cm로 달리고 끈끈하다.

▲ 담배풀_ 꽃봉오리

▲ 담배풀_ 잎

▲ 담배풀_ 꽃

▶채취방법 : 봄에 어린순은 따서 그늘에 말리고, 가을에는 전초와 열매를 채취하여 이물질을 제거 후 햇볕에서 말린다.

▶성분 : carabrone, carpesia lactone, telekin, carpesiolin, ivalin, n-caprone, oleic acid, linoeic acid, stigmasterol

▶식용법 : 이른 봄에 어린순을 캐서 쓴맛을 없애기 위해서 끓는 물에 데친 후 찬물에 우려내고 나물로 먹는다.

▶약용부위 : 전초, 열매

유사 식물

여우오줌

애기담배풀

68 당개지치

- 이 명 : 당꽃마리
- 생약명 : 자초(紫草)
- 학 명 : *Brachybotrys paridiformis* Maxim. ex Oliv.
- 과 명 : 지치과
- 개화기 : 5~6월

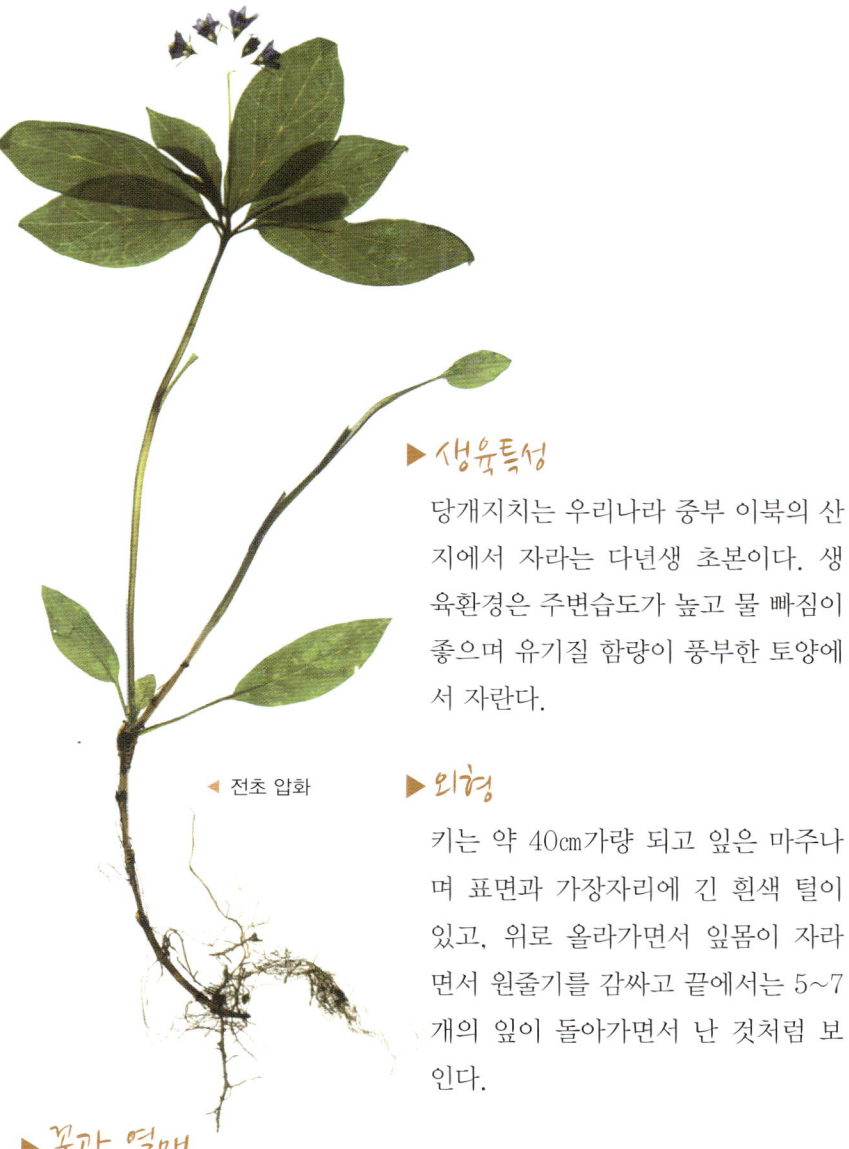

◀ 전초 압화

▶ 생육특성

당개지치는 우리나라 중부 이북의 산지에서 자라는 다년생 초본이다. 생육환경은 주변습도가 높고 물 빠짐이 좋으며 유기질 함량이 풍부한 토양에서 자란다.

▶ 외형

키는 약 40㎝가량 되고 잎은 마주나며 표면과 가장자리에 긴 흰색 털이 있고, 위로 올라가면서 잎몸이 자라면서 원줄기를 감싸고 끝에서는 5~7개의 잎이 돌아가면서 난 것처럼 보인다.

▶ 꽃과 열매

꽃은 지름 1㎝ 정도로 자주색으로 피고 잎 사이 줄기에서 5~7개가 뻗어 나온다. 수술은 5개로 짧으며 암술대는 1개로 길게 밖으로 빠져나와 있다. 열매는 8~9월경에 흑색으로 달리고 짧은 털이 있으며 밑으로 처진다.

▲ 당개지치_ 새순 올라오는 모습

▲ 당개지치_ 꽃봉오리

▲ 당개지치_ 개화 직전

▲ 당개지치_ 꽃

·관리 및 번식요령

▶ 관리법
습기가 많은 개울가 근처나 연못 주변에 심는 것이 좋다. 서늘한 기후조건과 유기
질이 풍부한 곳에 심고 반그늘을 유지할 수 있는 곳에 심는다.

▶ 번식법
가을에 뿌리나누기나 종자 발아를 병행할 수 있다. 뿌리나누기는 잎이 모두 고사
하고 없는 가을이나 이른 봄에 나누어야 한다. 9월경에 받은 종자를 바로 뿌리거
나 종이에 싸서 냉장고에 보관 후 이듬해 봄에 뿌린다.

▶ 채취방법
가을부터 이듬해 봄에 채취하여 이물질을 제거하고 햇볕에서 건조한다.

▶ 약용부위 : 뿌리

·유사 식물

지치

모래지치

반디지치

댓잎현호색

- 이 명 : 대잎현호색, 가는잎현호색
- 생약명 : 현호색(玄胡索)
- 학 명 : *Corydalis turtschaninovii f. linearis* (Regel) Nakai
- 과 명 : 현호색과
- 개화기 : 4~5월

전초 압화 ▶

▶ 생육특성

댓잎현호색은 우리나라 각처의 산지에서 나는 다년생 초본이다. 생육환경은 반그늘 혹은 양지의 물 빠짐이 좋고 토양 비옥도가 높은 곳에서 자란다.

▶ 외형

키는 약 20㎝ 정도이고, 잎은 1~2회 갈라진 깃 모양으로 끝이 뾰족하다.

▶ 꽃과 열매

꽃은 연한 자주색 혹은 보라색으로 길이가 약 2㎝로 원줄기 끝에서 5~10여 개의 꽃이 뭉쳐서 달리고 한쪽 옆을 향하며 입술처럼 퍼진다. 열매는 6~7월경에 긴 타원형으로 달리고 종자는 흑색 광택이 난다.

▶관리법

양지쪽에 물 빠짐이 좋은 곳을 선정하여 화분이나 화단에 심으면 좋다. 물은 2~3
일 간격으로 준다.

▶번식법

7월에 받은 종자를 종이에 싸서 냉장보관 후 가을에 뿌리거나 이듬해 봄에 뿌린다.
가을에는 뿌리를 캐서 새로 생긴 작은 뿌리를 나누어 심는다.

▶성분 : corydaline, protopine, conadine, coptisine

▶약용부위 : 덩이줄기

점현호색

70 더덕

- 이 명 : 참더덕
- 생약명 : 양유(羊乳)
- 학 명 : *Codonopsis lanceolata* (Siebold & Zucc.) Trautv.
- 과 명 : 초롱꽃과
- 개화기 : 8~9월

▲ 전초 압화

▶ 외형

길이는 2~5m이고, 잎은 짧은 가지 끝에서는 4장의 잎이 서로 접근해서 뭉쳐 있는 것 같고 긴 타원형으로 길이는 3~10㎝, 폭은 1.5~4㎝이다. 잎 가장자리는 밋밋하고, 표면은 녹색이지만 뒷면은 분백색이다.

▶ 꽃과 열매

꽃의 겉은 연한 녹색이고 안쪽에는 자갈색 점이 있으며, 아래를 향해 피어 있다. 열매는 10~11월경에 익고 씨앗은 미세하다. 더덕 뿌리는 도라지처럼 굵으며, 덩굴을 자르면 흰 유액이 나온다. 뿌리는 식용, 약용으로 활용된다.

▲ 더덕_ 새순 올라오는 모습

▲ 더덕_ 새순 감고 올라가는 모습

▲ 더덕_ 잎

▲ 더덕_ 개화 전 꽃봉오리

▲ 더덕_ 꽃

▲ 더덕_ 가지를 감고 올라간 덩굴줄기와 꽃

▲ 더덕_ 종자 맺히는 모습

▲ 더덕_ 종자 결실

▶**관리법**

가지가 타고 올라갈 수 있는 조건을 만들어주고 반그늘인 화단에 심는 것이 좋다. 양지에 심으면 맛도 좋지 않을 뿐 아니라 잎이 타는 현상이 생기기 때문이다. 물은 잎이 많기 때문에 매일 준다.

▶**번식법**

10월에 결실된 종자를 바로 뿌리거나 이듬해 봄 화단에 뿌린다.

▶**채취방법**

줄기가 마른 가을에 뿌리를 채취하여 바람이 잘 통하는 곳에서 음건한다. 또한 상품으로 판매하기 위한 것은 품질별로 선택하고, 식용으로 사용할 것은 저온저장, 약용할 것은 건조하여 저장한다.

▶**약용부위** : 뿌리

도라지

71 덩굴꽃마리

- 이 명 : 덩굴꽃말이
- 생약명 : 만부지채(蔓附地菜)
- 학 명 : *Trigonotis icumae* (Maxim.) Makino
- 과 명 : 지치과
- 개화기 : 5~6월

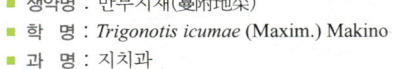

▲ 전초 압화

▶ **생육특성**

덩굴꽃마리는 우리나라 중부 이남의 산과 들에서 자라는 다년생 초본이다. 생육환경은 볕이 잘 들어오고 물 빠짐이 좋은 곳이면 어디든지 잘 자란다.

▶ **외형**

키는 7~20㎝이고, 잎은 마주나고 가장자리가 밋밋하고 밑부분 잎은 잎자루가 길지만 위로 갈수록 짧아지고 길이는 3~5㎝, 폭은 1.5~2.5㎝ 정도이다. 줄기 전체에 두터운 털이 있으며 옆으로 눕고 잎겨드랑이에서 나온 가지가 길게 자라 덩굴성이 된다.

▶ **꽃과 열매**

꽃은 여러 개의 꽃이 어긋나게 붙으며 밑에서부터 피기 시작한다. 9월경에 끝이 뾰족하고 삼각형이며 잔털이 있는 열매가 달린다.

▲ 덩굴꽃마리_ 새순 올라오는 모습

▲ 덩굴꽃마리_ 꽃망울

▲ 덩굴꽃마리_ 잎

▲ 덩굴꽃마리_ 꽃이 만개한 모습

▶관리법

화분을 이용한 실내나 야외에서 키우기 좋은 품종이다. 작은 꽃들이 여러 송이 달리고 개화기도 긴 편이어서 관상용으로 좋다. 토양은 물 빠짐이 좋게 하고 퇴비는 조금만 넣으면 된다. 화분을 만들 때는 아래에 굵은 돌을 넣어 물 빠짐이 좋게 만들어주고 베란다의 빛이 많이 들어오는 곳에 둔다.

▶번식법

9~10월경에 달리는 종자를 받아 바로 뿌리거나 냉장고에 보관 후 이듬해 봄에 뿌린다. 종자 발아율은 낮은 편이다. 뿌리나누기를 많이 하는데 이는 이른 봄이나 가을에 새순이 올라오는 시기, 혹은 줄기가 고사한 후에 뿌리를 파서 나누는 것이 바람직하다.

▶채취방법 : 이른 봄 어린순을 채취한다.

▶식용법 : 어린순을 나물로 먹는다.

▶약용부위 : 어린순

꽃마리

참꽃마리

72 도라지

- 이 명 : 길경, 약도라지
- 생약명 : 경초(梗草), 길경(桔梗)
- 학 명 : *Platycodon grandiflorum* (Jacq.) A. DC.
- 과 명 : 초롱꽃과
- 개화기 : 7~8월

▶ 생육특성

도라지는 우리나라 각처의 산과 들에 흔히 자라는 다년생 초본이다. 생육환경은 반그늘 혹은 양지의 부엽질이 많은 곳에서 자란다.

▶ 외형

키는 40~90㎝이고, 잎은 긴 난형으로 길이는 4~7㎝, 폭은 1.5~4㎝로 가장자리에 톱니가 있고 표면은 녹색이고, 뒷면은 회청색이다.

▶ 꽃과 열매

꽃은 보라색 또는 흰색으로 5갈래로 갈라지며 위를 향해 핀다. 뿌리는 굵고 줄기는 곧게 서며 줄기를 자르면 흰 유액이 나온다. 열매는 9~10월에 달리며 종자 크기는 미세하고 털면 먼지처럼 날아간다. 관상용으로 쓰이며 뿌리는 식용, 약용으로 활용된다.

▲ 도라지_ 새순 올라오는 모습

▲ 도라지_ 잎

▲ 도라지_ 꽃봉오리

▲ 도라지_ 꽃

▲ 도라지_ 종자 결실

·관리 및 번식요령

▶관리법
햇볕을 좋아하고 물 빠짐이 좋은 곳에서 자라는 품종이기 때문에 양지쪽 화단에 심는다.

▶번식법
9~10월에 결실된 종자를 받아 이듬해 봄 화단에 뿌린다. 종자를 뿌리고 나서 위를 신문지나 다른 종이로 덮어놓으면 1~2주 지난 후 새싹이 올라오는데 이때 바로 제거해주어야 한다.

▶채취방법 : 새순이 돋아 나오기 전 이른 봄과 줄기가 고사한 가을에 두 번 채취하며 늦가을에 채집한 것은 봄에 채취한 것보다 품질이 좋다.

▶성분
platycogenic acid, chlorogenic acid, deapioplatycodin, methyl-platyconate A, acetylplatycodin D, platycodigenin methyl ester, platycodin, platyconic acid, lactone, platycinin, polygalacic acid methyl ester, polygalacin D

▶식용법 : 어린순을 나물로 먹는다.

▶약용부위 : 뿌리

·유사 식물

애기도라지

홍노도라지

⑦³ 돌나물

- 이 명 : 돈나물
- 생약명 : 석지갑(石指甲), 화건초(火建草), 수분초(垂盆草)
- 학 명 : *Sedum satmentosum* Bunge
- 과 명 : 돌나물과
- 개화기 : 5~6월

▶생육특성

돌나물은 우리나라 각처의 산에 자라는 다년생 초본
이다. 생육환경은 집 주변의 돌이나 양지바른 곳에서
자란다.

▶외형

키는 약 15㎝이고, 잎은 길이 1.5~2㎝, 폭 0.3~0.6㎝
이며 보통 3장씩 돌아가며 올라가고 난형이다.

▶꽃과 열매

꽃은 황색으로 지름이 0.6~1㎝ 정도이고 줄기 윗부
분에 달린다. 꽃받침잎은 뾰족하며, 황색이고 수술은
10개이다. 열매는 7~8월경에 달리고 흑갈색 씨방에
작은 종자가 많이 들어 있다. 돌나물은 주변에서 흔히
보는 품종으로 돌이나 일반 토양에서 잘 자라기 때문
에 재배도 많이 되고 있다.

▲ 전초 압화

▲ 돌나물_ 새순 올라오는 모습

▲ 돌나물_ 잎

▲ 돌나물_ 꽃

▲ 돌나물_ 꽃

관리 및 번식요령

▶ **관리법**

돌이나 흙 어디서나 잘 자라기 때문에 화분에 돌을 올려놓거나 화단 주변에 돌이 있는 곳에 심는다. 물은 습도가 높으면 많이 주지 않고 습도가 없는 곳에서는 조금 주어야 한다.

▶ **번식법**

8월에 결실된 종자를 바로 뿌리거나 이듬해 봄에 포기나누기를 한다. 뿌리는 줄기 어디를 잘라도 잘 내리기 때문에 따로 옮겨심기할 필요는 없다.

▶ **채취방법**

어린순이 나오는 봄에 연한 순을 채취하고, 꽃이 핀 후 음력 5월 단오가 지나면 가능한 한 채취하지 않는다.

▶ **성분** : sarmentosin, n-methyl-pelletierine keton

▶ **식용법**

이른 봄에 돋아난 새순을 이용하여 김치를 만들어 저장하여 먹을 수도 있고 나물을 성으로 먹는다. 최근에는 음식점에서 비빔밥의 재료로 돌나물이 들어가고 반찬으로도 나온다.

74 돌양지꽃

- 이　명 : 바위양지꽃
- 학　명 : *Potentilla dickinsii* Franch. & Sav.
- 과　명 : 장미과
- 개화기 : 6~7월

▶생육특성

돌양지꽃은 우리나라 각처의 산에서 자라는 다년생 초본이다. 생육환경
은 안개가 많고 습기가 높은 곳의 바위틈에서 자란다.

▶외형

키는 약 20㎝이고, 잎은 길이가 2㎝이고 깃 모양을 하고 있으며 밑부분의
잎은 작고 가장자리에 톱니가 있으며 앞면은 녹색이고 뒷면은 흰색이다.

▶꽃과 열매

꽃은 황색으로 줄기 끝이나 잎겨드랑이 사이에서 가는꽃줄기에 달린다.
열매는 9월경에 달린다. 잎만 보면 일반 양지꽃과 별다른 차이가 없지만
꽃의 전체적인 크기와 키를 보면 알 수 있다.

◀ 전초 압화

▲ 돌양지꽃_ 새순 올라오는 모습

▲ 돌양지꽃_ 잎

▲ 돌양지꽃_ 종자 결실

▲ 돌양지꽃_ 무리

▲ 돌양지꽃_ 꽃

ㄷ

 **·관리 및 번식요령**

▶**관리법** : 화분이나 화단의 돌에 붙여 키우고, 물은 분무기로 습도를 맞추어주며, 2~3일마다 흡족하게 줘야 한다.

▶**번식법** : 9월에 결실되는 종자를 바로 화분에 뿌리거나, 이른 봄에 포기나누기를 한다.

▶**용도** : 관상용

·유사 식물

양지꽃

딱지꽃

⑮ 동의나물

- 이　명 : 참동의나물, 원숭이동의나물, 눈동의나물
- 생약명 : 마제초(馬蹄草)
- 학　명 : *Caltha palustris* L. var. *palustris*
- 과　명 : 미나리아재비과
- 개화기 : 4~5월

▲ 전초 압화

▶생육특성

동의나물은 우리나라 각처의 산에 자라는 다년생 초본이다. 생육환경은
반그늘이며 습기가 많은 곳에서 자란다.

▶외형

키는 약 50㎝ 정도이고, 잎은 길이가 5~10㎝이고 둥근 심장형으로 가
장자리에 둔한 톱니가 있다. 꽃이 시들고 종자가 익을 무렵이면 잎이 넓
어지기 시작한다.

▶ 꽃과 열매

꽃은 노란색으로 줄기 끝에서 1~2송이가 달린다. 열매는 6~7월경에 달리고 갈색으로 된 씨방에는 많은 종자가 들어 있다. 물가에서 길러도 잘 사는 품종인데 수분기가 없으면 고사하기 때문에 수생식물과 같이 사는 경우도 볼 수 있고 주변에는 박새와 습기를 좋아하는 노루오줌이 같이 생존한다.

한약재에서 마제(馬蹄)라는 이름이 붙은 까닭은 잎의 모습이 '말의 발굽'을 닮아서 지은 것이며, 여제(驢蹄)라는 이름은 잎의 모습이 마치 '당나귀의 발굽'을 닮았다고 하여 지어진 이름이다. 잎의 중간에 꽃이 피기 전에 봉오리를 한 모습이 마치 옛날 여인들이 머리에 물동이를 이고 가는 모습과 같다고 하여 '동이나물'이라고도 부른다.

수팔각(水八角), 수호로(水葫蘆)라고도 하는데 수팔각은 물가에 자라는 동의나물이 사방으로 잎줄기가 뿔처럼 길게 나온 뒤에 잎이 붙어 있는 모습을 보고 '물속에서 올라오는 8개의 뿔'이라고 지은 이름이다. 수호로는 잎 위에 동그랗게 말려 있는 꽃이 피기 전의 모습이 호로(葫蘆 : 목이 구부러진 표주박인 호리병박)를 닮았으므로 물가에 자라는 특성을 붙여 '물속에서 나온 호리병박'을 뜻하는 이름이다.

▲ 동의나물_ 새순 올라오는 모습

▲ 동의나물_ 잎

▲ 동의나물_ 꽃봉오리

▲ 동의나물_ 꽃

▲ 동의나물_ 종자 결실

▶관리법

물이 많은 화단에 심어야 한다. 집 안에 있는 큰 수반을 이용하여 안에 뿌리가 내릴 수 있는 양의 흙을 넣는다. 늦가을에도 날이 따뜻하면 한 번 더 꽃을 피우기 때문에 둘 관리는 계속해주어야 한다. 물은 교환하지 말고 일주일에 한 번 정도 넘치게 해서 새로운 물을 공급해준다.

▶번식법

6월에 꽃이 시듦과 동시에 종자가 익기 시작하여 7~8월경이면 완숙된다. 종자를 받아 보관하고 이른 봄에 뿌린다. 또한 가을에 포기나누기를 하기도 한다.

▶채취방법 : 이른 봄 새순이나 꽃이 핀 후 전초를 채취하여 햇볕에 말린다.

▶성분 : anemonin, berberine, choline, scopoletin, umbelliferone

▶식용법

봄에 어린잎을 채취하여 독성을 제거하기 위해 삶아서 물에 1~2일 정도 담근 후 나물로 먹는다. 꽃이 피기 전의 잎 모양이 곰취와 매우 유사하기 때문에 주의하여야 한다. 이른 봄 산나물을 먹고 구토 증세를 일으키는 주범 중의 하나이므로 각별히 즈의하여야 한다.

▶**약용부위** : 전초

곰취

76 동자꽃

- 이 명 : 참동자꽃
- 생약명 : 천열전추라(淺裂剪秋羅)
- 학 명 : *Lychnis cognata* Maxim.
- 과 명 : 석죽과
- 개화기 : 6~7월

◀ 전초 압화

▶생육특성

동자꽃은 우리나라 각처의 산에서 자라는 다년생 초본이다. 생육환경은 산지의 습기가 많은 반그늘에서 자란다.

▶외형

키는 약 40~100㎝이고, 잎은 긴 난형으로 끝이 뾰족하고 가장자리는 밋밋하다.

▶꽃과 열매

꽃은 주황색으로 줄기 끝과 잎 사이에서 나오고 지름은 4~5㎝이다. 열매는 8~9월경에 익으며, 종자 결실이 되면 외부를 둘러싸고 있는 껍질이 갈색으로 변한다. 종자 결실기에 벌레가 많아 종자를 주 먹이로 하기 때문에 빨리 수확하여야 한다. 줄기는 전체에 털이 많으며 곧게 선다. 유사종으로는 꽃이 순백색으로 피는 흰동자꽃도 있다.

▲ 동자꽃_ 새순 올라오는 모습

▲ 동자꽃_ 잎 올라오는 모습

▲ 동자꽃_ 꽃봉오리

▲ 동자꽃_ 꽃 피기 전

▲ 동자꽃_ 꽃

▲ 분홍동자꽃_ 꽃

▲ 동자꽃_ 시드는 모습

▲ 동자꽃_ 종자 결실

▶**관리법**

물기가 많은 반그늘에서 자라는 식물이기 때문에 매일 물을 주어야 한다. 햇볕이 많이 들어오는 곳에 심으면 잎이 타는 현상이 심하고 음지에 심으면 줄기가 너무 커서 힘이 없기 때문에 꽃이 피면서 휘어지는 현상이 발생한다.

▶**번식법**

늦가을이나 이른 봄 새싹이 올라오면 포기나누기를 한다. 8~9월에 익은 종자는 한 송이에서 약 30~40개 정도를 얻을 수 있기 때문에 가을에 뿌리거나 이른 봄에 뿌리면 많은 수를 얻을 수 있다.

▶**채취방법** : 꽃이 달린 여름과 종자가 결실되고 시든 가을에 전초를 채취하여 이물질을 제거한 후 햇볕에 말린다.

▶**약용부위** : 전초

· **유사 식물**

제비동자꽃

털동자꽃

가는동자꽃

흰동자꽃

⑺ 두루미꽃

- 이 명 : 좀두루미꽃
- 학 명 : *Maianthemum bifolium* (L.) F. W. Schmidt
- 과 명 : 백합과
- 개화기 : 5~7월

▶ 생육특성

두루미꽃은 우리나라 각처의 높은 산에서 자라는 다년생 초본이다. 생육환경은 산속 숲의 반그늘에 습기가 많은 곳에서 자란다.

▶ 외형

키는 8~15㎝ 내외이고, 잎은 길이는 2~5㎝, 폭은 1.5~4㎝이고 심장형으로 줄기에서 2~3장이 나오며 끝이 뾰족하고 뒷면에 돌기 모양의 털이 있다.

▶ 꽃과 열매

꽃은 흰색으로 줄기 끝에 5~20송이 정도의 작은 꽃이 무리 지어 핀다. 잎과 잎 사이에서 줄기가 올라오며 꽃이 필 무렵에 잎이 2장 더 나와 그 사이에서 꽃이 핀다. 열매는 8~9월 경에 적색으로 달린다.

▲ 전초 압화

▲ 두루미꽃_ 새순 올라오는 모습

▲ 두루미꽃_ 꽃봉오리

▲ 두루미꽃_ 꽃 피어나는 모습   ▲ 두루미꽃_ 개화

·관리 및 번식요령

▶**관리법**

화분에 심는다. 다른 식물보다 습기가 많은 곳에서 살아가기 때문에 주변 환경이 습도가 높아야 한다. 따라서 물을 줄 때는 토양에도 주고 공중에도 뿌려 습도를 높게 해주어야 한다.

▶**번식법**

8~9월에 적색으로 익은 종자를 이른 봄에 뿌리거나 가을이나 이른 봄에 포기나누기를 한다.

▶**용도 : 관상용**

· 유사 식물

큰두루미꽃

78 둥굴레

- 이 명 : 맥도둥굴레, 애기둥굴레, 좀둥굴레, 제주둥굴레
- 생약명 : 옥죽(玉竹)
- 학 명 : *Polygonatum odoratum* var. *pluriflorum* (Miq.) Ohwi
- 과 명 : 백합과
- 개화기 : 6~7월

▶ 생육특성

둥굴레는 우리나라 각처의 산과 들에서 자라는 다년생 초본이다. 생육환경은 양지 혹은 반그늘의 물 빠짐이 좋고 토양이 비옥한 곳에서 자란다.

▶ 외경

키는 30~60cm이고, 잎은 길이가 5~10cm, 폭이 2~5cm로 마주나는 잎은 한쪽으로 치우쳐서 펴지며 대나무 잎과 유사하다.

▶ 꽃과 열매

꽃은 흰색으로 줄기 중간 부분부터 1~2개씩 잎겨드랑이에 달리고 길이는 1.5~2cm로 밑부분은 흰색, 윗부분은 녹색이다. 열매는 9~10월경에 검은색으로 달린다. 관상용으로 이용하며 어린순은 식용, 땅속줄기는 식용 또는 약용으로 이용한다.

▲ 전초 압화

▲ 둥굴레_ 새순 올라오는 모습

▲ 둥굴레_ 꽃

▲ 둥굴레_ 종자 결실

▲ 둥굴레_ 뿌리

관리 및 번식요령

▶ **관리법**

약용식물로 재배한다. 화분이나 화단에 물 빠짐이 좋은 곳이면 어느 곳에서도 잘 자란다. 물은 3~4일 간격으로 준다.

▶ **번식법**

10월에 얻은 종자를 바로 뿌리거나 종이에 싸서 냉장보관 후 이듬해 봄에 뿌린다. 가을이나 이른 봄에 뿌리를 캐내 포기나누기를 한다.

▶ **채취방법**

싹이 올라오지 않은 이른 봄이나, 줄기가 고사한 늦가을에 캐어 나무 방망이와 같은 도구를 이용하여 가볍게 두드려 털을 제거하고 깨끗하게 손질하여 햇볕에 말리는 것을 반복한다.

▶ **성분**

alpha−diol, polygonatiin, carboxylic acid, polygonatum odoratum saponin po−c, phenylalaninol, glucopyranoside, neoprazerigenin A, POD−II

▶ **식용법** : 어린순을 나물로 먹는다.

▶ **약용부위** : 뿌리

- 이 명 : 벌등골나물, 새등골나물
- 생약명 : 천금화(千金花)
- 학 명 : *Eupatorium japonicum* Thunb.
- 과 명 : 국화과
- 개화기 : 7~9월

▲ 전초 압화

▶생육특성

등골나물은 우리나라 각처의 산과 들에서 자라는 숙근성 다년생 초본이다. 생육환경은 토양의 비옥도에 관계없으며, 반그늘과 양지에서 자란다.

▶외형

키는 70~150㎝이고, 잎은 타원형으로 마주나고 길이는 10~18㎝, 폭은 3~8㎝이고, 밑부분 잎은 작으며 꽃이 필 때 없어진다.

▶꽃과 열매

꽃은 원줄기 끝에 편평하게 무리 지어 작은꽃들이 핀다. 열매는 10~11월에 익으며 종자는 흰색 갓털을 달고 있다.

▲ 등골나물_ 꽃

▲ 등골나물_ 종자 결실

▶관리법

어디에서나 잘 자라며 물은 2~3일 간격으로 준다.

▶번식법

뿌리가 옆으로 뻗어가기 때문에 가을에 뿌리를 자르거나 가을에 종자를 받아 종이
에 싸서 냉장보관 후 이른 봄 화단에 뿌린다.

▶채취방법

이른 봄 어린순을 채취하고, 꽃이 핀 여름에서 종자가 결실되는 가을까지 전초를
채취하여 이물질을 제거 후 햇볕에 말린다.

▶성분 : taraxasteryl palmitate, taraxasteryl acetate, taraxasterol

▶식용법 : 어린순을 나물로 먹는다.

▶약용부위 : 전초

골등골나물

80 등대풀

- 이 명 : 등대대극, 등대초
- 학 명 : *Euphorbia helioscopia* L.
- 과 명 : 대극과
- 개화기 : 5월

▶ 생육특성

등대풀은 경기도 이남의 들에서 자라는 2년생 초본이다. 생육환경은 빛
이 잘 들어오고 물 빠짐이 좋으며 부엽질이 풍부한 곳에서 자란다.

▶ 외형

키는 30㎝이고, 잎은 마주나고 가장자리에 잔 톱니가 있으며 가지가 갈
라지는 끝부분 밑에서 5개의 잎이 돌아가며 달리고 길이는 1~3㎝, 폭은
0.6~2㎝ 정도 된다. 줄기는 원기둥 모양으로 가을에 나와 다음 해에 무
성해지며 자르면 유액이 나온다.

▲ 전초 압화

▶ 꽃과 열매

꽃은 황록색으로 잎이 단지
처럼 감싸고 있는 부위에서
지름 0.2㎝ 정도로 여러 개
가 달리고 안에 암꽃 1개와
여러 개의 수꽃이 있다. 열
매는 9~10월경에 달리며
길이가 약 0.3㎝이고 갈색
으로 겉에 그물무늬가 있다.

▲ 등대풀_ 새순 올라오는 모습

▲ 등대풀_ 잎이 무성해지는 모습

▲ 등대풀_ 개화 직전

▲ 등대풀_ 꽃

▲ 등대풀_ 무리

관리 및 번식요령

▶**관리법**

작은 화분이나 정원 풀밭에 심는다. 화분에 심을 때는 물 빠짐을 좋게 하고 햇볕이 잘 들어오는 곳에 두어야 한다. 정원에 심을 때는 볕이 잘 들어오는 어느 곳이든지 상관없다. 번식력이 좋기 때문에 이를 감안한 후 심는다.

▶**번식법**

10월경에 받은 종자를 바로 뿌리거나 종이에 싸서 냉장고에 보관 후 이듬해 봄에 일찍 뿌린다. 종자 발아율이 좋은 품종이다.

▶**약용부위** : 전초

유사 식물

민대극

⑧¹ 땅귀개

- 이 명 : 땅귀이개
- 학 명 : *Utricularia bifida* L.
- 과 명 : 통발과
- 개화기 : 8~9월

▶ 생육특성

땅귀개는 우리나라 각처의 산과 들에서 자라는 다년생 초본이다. 생육환경은 습기가 많고 물이 고여 있는 양지의 풀숲에서 자란다.

▶ 외형

키는 7~15㎝이고, 잎은 길이가 0.6~0.8㎝로 녹색이고 가늘고 길며 밑부분에 1~2개의 벌레 잡는 대가 있다.

▶ 꽃과 열매

꽃은 밝은 황색으로 줄기를 따라 2~7개가 달리며 끝이 뾰족하다. 열매는 10~11월경에 둥글며 지름이 0.35㎝ 정도로 달린다.

◀ 전초 압화

▲ 땅귀개_ 꽃봉오리

▲ 땅귀개_ 꽃봉오리

▲ 땅귀개_ 무리

▲ 땅귀개_ 꽃

관리 및 번식요령

▶ 관리법 : 물 빠짐이 좋지 않은 화단에 심는다.

▶ 번식법 : 11월에 받은 종자를 저장 후 이듬해 봄 화단에 뿌리거나 새싹이 올라올 때 뿌리 부분을 여러 개로 나누어 심는다.

▶ 용도 : 관상용

유사 식물

자주땅귀개

이삭귀개

끈끈이귀개

82 땅나리

- 이 명 : 작은중나리, 애기중나리
- 학 명 : *Lilium callosum* Siebold & Zucc.
- 과 명 : 백합과
- 개화기 : 7~8월

◀ 전초 압화

▶ 생육특성

땅나리는 우리나라 중부 이남의 산이나
들에 자라는 다년생 초본이다. 생육환경
은 숲 속 반그늘에서 자란다.

▶ 외형

키는 약 60㎝이고, 잎이 조밀하게 나며
선형이다. 잎은 털이 별로 없으며 길이는
5~10㎝, 폭은 0.3~0.6㎝이다.

▶ 꽃과 열매

꽃은 황적색이고 줄기 끝에 1~8송이 피
며 지름은 3~5㎝이다. 열매는 9~10월
경에 달리고 갈색이며, 안에는 둥글고 편
평한 종자가 많이 들어 있다. 오전에는
꽃봉오리가 뭉쳐 있다 오후가 되면서 꽃
잎이 뒤로 올라가는 것을 관찰할 수 있으
며, 다른 백합과 종류에 비해 꽃이 적기
때문에 쉽게 구분이 가능한 종이다. 관상
용으로 쓰인다.

▲ 땅나리_ 줄기

▲ 땅나리_ 꽃봉오리

▲ 땅나리_ 꽃

▲ 땅나리_ 종자 결실

▶관리법

강한 햇볕이 들어오는 곳이 아니면 되고, 토양은 모래가 많은 화단이면 좋다. 화분에 심어 실내에서 키우면 키가 너무 자라고 꽃대가 약해 꽃이 잘 피지 않는다. 물은 봄에는 2~3일 간격, 여름에는 1~2일 간격으로 준다. 물을 많이 주면 알뿌리가 부패하기 때문에 피해야 한다.

▶번식법

둥근 모양으로 지름 약 3~5㎝인 황백색의 구근 인편을 이용하는 방법과 9월에 익은 종자를 이듬해 봄 화단에 뿌린다. 싹이 난 다음에도 3~4년 후에 꽃을 피우기 때문에 꾸준한 관리가 필요하다.

▶용도 : 식용 및 관상용

유사 식물

참나리

중나리

솔나리

말나리

83 땅비싸리

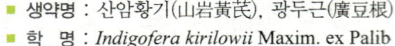

- 이 명 : 논싸리, 땅비수리, 완도당비사리, 젓밤나무, 큰땅비싸리
- 생약명 : 산암황기(山岩黃芪), 광두근(廣豆根)
- 학 명 : *Indigofera kirilowii* Maxim. ex Palib
- 과 명 : 콩과
- 개화기 : 5~6월

▶ 생육특성

땅비싸리는 우리나라 각처의 산에서
나는 낙엽활엽관목이다. 생육환경은
양지 혹은 반그늘의 토양 비옥도가
높은 곳에서 자란다.

▶ 외형

키는 약 1m 정도이고, 잎은 길이가
1~4cm로 작은잎이 7~11개 정도가
있으며 타원형이다.

▶ 꽃과 열매

꽃은 분홍색으로 길이가 약 2cm이고
잎겨드랑이에 달린다. 열매는 10월
경에 원주형으로 달린다.

▲ 전초 압화

▲ 땅비싸리_ 잎 올라오는 모습

▲ 땅비싸리_ 잎

▲ 땅비싸리_ 꽃이 피기 전 꽃망울이 맺힌 모습

▲ 땅비싸리_ 개화한 모습

▲ 땅비싸리_ 꽃

관리 및 번식요령

▶**관리법**
키가 작은 것은 화분에 심어 관리하다가 화단에 옮겨심기해도 좋다.

▶**번식법**
이른 봄 줄기에 싹이 올라오면 땅속줄기를 잘라 포기나누기를 하거나 10월에 받은 종자를 화단 혹은 화분에 바로 뿌리면 된다.

▶**채취방법**
줄기ㄱ·시드는 가을에 뿌리를 채취하여 이물질을 제거한 후 햇볕에 말린다.

▶**성분**
matrine, oxymatrine, anagyrine, n–methylcytisine, sophoradin, genistein, pterocarpine, maackiain

▶**약용부위** : 뿌리

84 뚝갈

- 이 명 : 뚝깔, 뚜깔, 흰미역취
- 생약명 : 백화패장(白花敗醬)
- 학 명 : *Patrinia villosa* (Thunb.) Juss.
- 과 명 : 마타리과
- 개화기 : 7~8월

◀ 전초 압화

▶ 생육특성

뚝갈은 우리나라 전역의 산과 들에서 나는 다
년생 초본이다. 생육환경은 햇볕이 잘 들어오
는 양지쪽의 물 빠짐이 좋은 곳에서 자란다.

▶ 외형

키는 약 1m이고, 잎의 길이는 3~15㎝이고 마
주나며 표면은 짙은 녹색이다. 잎 뒷면은 흰
빛이 돌며 가장자리에는 톱니가 있고 양면에
흰색 털이 드물게 있으며 마주난다.

▶ 꽃과 열매

꽃은 흰색으로 원줄기 끝이나 가지 끝에서 달
리며 꽃줄기 분지에서는 아래로 퍼지거나 밑
을 향해 있는 털이 있다. 열매는 9~10월경
에 달걀을 거꾸로 세운 모양으로 뒷면이 둥
글게 달린다.

▲ 뚝갈_ 잎

▲ 뚝갈_ 줄기

▲ 뚝갈_ 꽃

▲ 뚝갈_ 종자 결실

▲ 뚝갈_ 무리

▶관리법

햇볕이 잘 들어오는 곳이면 어디서든지 잘 자라는 품종이다. 이 품종은 키가 크기 때문에 화단의 가운데에 심어도 좋고 특히 집단으로 심으면 심한 바람이 불어도 잘 쓰러지지 않는다. 토양은 퇴비를 조금 넣은 후 물 빠짐만 좋게 하여 심으면 된다. 물은 2~3일 간격으로 준다.

▶번식법

10월어 받은 종자를 바로 뿌리거나 종이에 싸서 보관 후 이듬해 봄에 일찍 뿌린다. 종자 발아가 잘 되는 편이기 때문에 뿌릴 때 많이 뿌리면 새순이 겹쳐 바람이 잘 통하지 않아 고사하는 경우가 많다. 이른 봄에 뿌릴 경우는 3~4월에 뿌려 종자 발아 기간을 단축시켜 묘종을 옮겨심기한다.

▶채취방법 : 이른 봄에는 어린순을 채취하고, 꽃이 달린 여름에는 뿌리가 달린 채로 전초를 뽑아 이물질을 제거한 후 햇볕에 말린다.

▶성분 : morroniside, loganin, patrinene, hederagenin, isopatrinene, scabioside A~G, villoside, sinigrin, oleanolic acid

▶식용법 : 어린순은 나물로 먹는다.

▶약용부위 : 뿌리를 포함한 전초

마타리

금마타리

85 마타리

- 이 명 : 가양취, 미역취, 가얌취
- 생약명 : 패장(敗醬)
- 학 명 : *Patrinia scabiosaefolia* Fisch. ex Trevir.
- 과 명 : 마타리과
- 개화기 : 7~8월

▲ 전초 압화

▶ 생육특성

마타리는 우리나라 각처의 산과 들에서 나는 다년생 초본이다. 생육환경은 양지 혹은 반그늘에서 자란다.

▶ 외형

키는 60~150㎝이고, 잎은 새의 깃 모양 으로 깊이 갈라지고 마주난다.

▶ 꽃과 열매

꽃은 황색이고 가지 끝과 원줄기 끝에 달 리며 지름 약 0.5㎝가량 되는 꽃들이 많 이 달린다. 열매는 9~10월경에 타원형 으로 길이가 약 0.5㎝ 정도 되는 종자가 달린다. 관상용으로 쓰이며, 어린순은 식 용하고 뿌리를 포함한 전초는 약용한다.

▲ 마타리_ 새순 올라오는 모습

▲ 마타리_ 잎과 줄기

▲ 마타리_ 개화 직전

▲ 마타리_ 꽃

▲ 마타리_ 종자 결실

▶ **관리법** : 물 빠짐이 좋은 반그늘의 화단에 심고, 물은 2~3일 간격으로 준다.

▶ **번식법** : 10월에 받은 종자를 바로 뿌리거나 종이에 싸서 냉장보관 후 이듬해 봄에 뿌린다.

▶ **채취방법** : 이른 봄에는 어린순을 채취하고, 꽃이 달린 여름에 뿌리를 포함한 전초를 채취하여 이물질을 제거한 후 햇볕에 말리거나, 늦가을에 뿌리를 채취하여 건조한다.

▶ **성분** : oleanolic acid, hederagenin, sinigrin, morroniside, loganin, villoside, patrinene, isopatrinene, β–sitosterol–β–d–glucoside

▶ **식용법** : 어린순은 나물로 먹는다.

▶ **약용부위** : 뿌리를 포함한 전초

유사 식물

금마타리

돌마타리

뚝갈

86 만주바람꽃

- 학 명 : *Isopyrum manshuricum* (Kom.) Kom.
- 과 명 : 미나리아재비과
- 개화기 : 4~5월

◀ 전초 압화

▶ 생육특성

만주바람꽃은 우리나라 중부 이북에서 자라는 다년생 초본이다. 생육환경은 토양에 부엽질이 많은 양지쪽에서 자란다.

▶ 외형

키는 15~20cm이고, 잎은 한 잎에서 3갈래로 갈라지고 다시 2~3개로 갈라진다.

▶ 꽃과 열매

꽃은 옅은 노란색과 흰색으로 잎 사이에서 1송이씩 달리며 지름은 약 1.5cm이고, 긴 꽃자루가 있다. 뿌리 부분은 마치 고구마 줄기처럼 많은 괴근이 달려 있다. 어린싹이 올라올 때는 마치 개구리 발톱과 같은 모양으로 올라온다. 열매는 6~7월경에 달리고 종자는 검은색이다.

▲ 만주바람꽃_ 새순 올라온 모습 　　　　▲ 만주바람꽃_ 잎이 핀 모습

▲ 만주바람꽃_ 무리

▶관리법

반그늘에서 잘 자라고 물 빠짐이 좋은 화단에 심는다.

▶번식법

땅 밑에 있는 뿌리를 늦여름이나 가을에 나누거나 6월에 결실되는 종자를 바로 화단에 뿌리는 것이 좋다.

▶용도 : 관상용

유사 식물

변산바람꽃

회리바람꽃

87 말나리

- 이 명 : 왜말나리
- 생약명 : 윤엽백합(輪葉百合)
- 학 명 : *Lilium distichum* Nakai ex Kamib.
- 과 명 : 백합과
- 개화기 : 6~8월

▶ **생육특성**

말나리는 우리나라 각처의 산지에서 자라는 다년
생 초본이다. 생육환경은 반그늘이 지고 토양이
비옥한 낙엽수 아래에서 자란다.

▶ **외형**

키는 약 80㎝이고, 잎은 줄기 중간 부분에 4~9
장의 원을 그리며 도는 형태를 하고 있다. 잎은
난형이고 길이는 15㎝ 내외, 폭은 2~3㎝이며, 끝
이 뾰족하다.

▶ **꽃과 열매**

꽃은 황적색이고 줄기 끝에 여러 송이가 핀다. 열
매는 9~10월경에 둥글게 달리고 안에 둥글고 편
평한 종자가 겹겹이 들어 있다.

◀ 전초 압화

▲ 말나리_ 잎

▲ 말나리_ 꽃

▲ 말나리_ 시들어가는 모습

▲ 말나리_ 종자 결실

▶**관리법** : 물 빠짐이 좋은 반그늘의 화단에 심는다. 모래가 많이 들어 있는 토양에 심고 퇴비를 많이 넣어줘야 한다. 물은 2~3일 간격으로 준다.

▶**번식법** : 둥근 비늘줄기 모양을 하며 반점이 있는 인편을 이용하거나 10월에 결실되는 종자를 이듬해 봄 화분이나 화단에 뿌린다. 개화하는 것을 빨리 보고 싶으면 종자보다는 인편을 이용하는 것이 좋다.

▶**채취방법** : 줄기가 시들은 늦가을에 인편을 채취하여 깨끗이 씻어 끓는 물에 잠깐 담갔다가 건져내거나 살짝 쪄서 햇볕에 말린다.

▶**성분** : colchicine, pantothenic acid, β−carotenoid

▶**식용법** : 비늘줄기를 식용한다.

▶**약용부위** : 구근

하늘말나리

털중나리

땅나리

참나리

누른하늘말나리

88 매화노루발풀

- 이 명 : 풀차
- 학 명 : *Chimaphila japonica* Miquel
- 과 명 : 노루발과
- 개화기 : 5~6월

◀ 전초 압화

▶ 생육특성

매화노루발풀은 우리나라 각처의 산지에 자라는 상록 다년생 초본이다. 생육환경은 숲 속 반그늘의 토양이 비옥한 곳에서 자란다.

▶ 외형

키는 5~10㎝이고, 두꺼운 각질을 가진 잎은 넓고 뾰족하며 가장자리에 날카로운 낮은 톱니가 있다.

▶ 꽃과 열매

꽃은 흰색으로 지름은 1㎝ 정도이고, 반 정도 벌어지며 원줄기 끝에서 자라는 꽃자루 끝에 1~2개의 꽃이 아래를 향해 달린다. 열매는 8~9월경에 달리고 지름은 약 0.5㎝ 정도며 암술머리가 붙어 있다. 상록성이기 때문에 쉽게 이 품종을 발견할 수 있지만 잎이 너무 작기 때문에 어려운 품종이다. 줄기가 올라와서 꽃이 달리고 약 한 달 정도 있어야 개화하는 품종이다.

▲ 매화노루발풀_ 새순 올라오는 모습

▲ 매화노루발풀_ 꽃봉오리

▲ 매화노루발풀_ 암술

▲ 매화노루발풀_ 꽃

▲ 매화노루발풀_ 종자 결실   ▲ 매화노루발풀_ 씨방

□

관리 및 번식요령

▶ 관리법 : 화분이나 화단에 심는다. 내부 온도가 따뜻한 곳에서는 항상 잎이 푸르게 되어 있기 때문에 겨울에는 내부로 들여와도 좋다.

▶ 번식법 : 8~9월에 열리는 종자를 이른 봄에 뿌리거나 가을과 봄에 뿌리의 포기 나누기로 할 수 있다. 뿌리는 길게 옆으로 뻗는 성질이 있어 원줄기를 찾아 옆으로 가면 새싹이 돋는 줄기를 찾을 수 있다.

▶ 용도 : 관상용

유사 식물

노루발   호노루발

89 맥문동

- 이 명 : 알꽃맥문동, 넓은잎맥문동
- 생약명 : 맥문동(麥門冬)
- 학 명 : *Liriope platyphylla* F. T. Wang & T. Tang
- 과 명 : 백합과
- 개화기 : 5~8월

▲ 전초 압화

▶ 생육특성

맥문동은 우리나라 중부 이남의 산
지에서 자라는 상록 다년생 초본이
다. 생육환경은 반그늘 혹은 햇볕이
잘 들어오는 나무 아래에서 자란다.

▶ 외형

키는 30~50㎝이고, 잎은 납작하고
길이는 30~50㎝, 폭은 0.8~1.2㎝
이며, 끝이 뭉뚝하다.

▶ 꽃과 열매

꽃은 연분홍으로 한 마디에 여러 송
이의 꽃이 핀다. 주변에 조경용으로
많이 심어져 있어 친숙한 품종이다.
열매는 10~11월에 익으며 푸른색으
로 되어 있다. 껍질이 벗겨지면 검은
색 종자가 나타난다. 종자가 익으면
검게 변하고 겨울에도 지상부에 잎
이 남아 있기 때문에 쉽게 찾을 수 있
는 품종이다. 관상용으로 쓰이며, 뿌
리는 약용으로 사용한다.

▲ 맥문동_ 꽃봉오리

▲ 맥문동_ 종자 결실

▲ 맥문동_ 무리

▶ **관리법** : 최근 들어 화단 조경용으로 많이 이용된다. 햇볕이 잘 들어오는 곳이면 어디든지 좋고 물은 2~3일 간격으로 준다.

▶ **번식법** : 1~2년이 지나면 뿌리가 많이 뭉쳐 있기 때문에 이것을 가을이나 봄에 나누거나, 10~11월에 익은 종자를 이듬해 봄 화단에 뿌린다.

▶ **채취방법**
재배 2, 3년째의 5월 상순에 캐내고 야생은 4월 상순부터 캔다. 괴근만 잘라내어 깨끗이 씻어 3~4일간 햇볕에 말린 다음, 통풍이 잘 되는 곳에 쌓아서 수분을 증발시킨다.

▶ **성분**
ruscogenin, β−sitosterol, stigmasterol, β−sitosterol−β−d−glucoside, kaempferol, ruscogenin−3−O−alpha−L−rhamnopyranoside, aster saponin Hb methyl ester, Lm−2~3, Ls−2~7, methylprotodioscin

▶ **약용부위** : 뿌리

개맥문동

90 멸가치

- 이 명 : 개머위, 명가지, 옹취, 총취
- 생약명 : 선경채(腺硬菜), 야로(野蕗)
- 학 명 : *Adenocaulon himalaicum* Edgew.
- 과 명 : 국화과
- 개화기 : 8~10월

▶ 생육특성

멸가치는 우리나라 각처의 산이나 들에서 자라는 다년생 초본이다. 생육환경은 음지이며 습한 지역에서 자란다.

▶ 외형

키는 50~100㎝가량이고 잎은 삼각의 심장형으로 길이는 7~13㎝, 폭은 11~22㎝이다. 잎 가장자리가 깊게 파여 톱니가 있고, 표면은 녹색이고 뒷면은 흰빛이 나며 흰 솜털이 많이 있다.

▶ 꽃과 열매

꽃은 흰색에서 연한 붉은색으로 변하고 지름은 약 0.5㎝이다. 마치 해바라기와 같은 무늬를 한 종자가 잔털과 함께 결실된다.

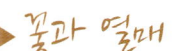

▲ 전초 압화

▲ 멸가치_ 새순 올라오는 모습

▲ 멸가치_ 꽃

▲ 멸가치_ 종자 결실

▶관리법 : 나무가 많아 햇볕을 많이 가려주는 화단에 심는 것이 좋고 물은 2~3일 간격으로 준다.

▶번식법 : 늦가을이나 이른 봄 새싹이 올라올 때 뿌리나누기를 하거나 11월에 열리는 종자를 저장하였다가 이듬해 봄 화단에 뿌린다.

▶채취방법 : 이른 봄 어린순이 올라와 약간 전개된 상태의 것을 채취한다.

▶성분 : 당류, 점유질, 회분

▶식용법 : 이른 봄에 어린순을 채취하여 끓는 물에 살짝 데쳐 찬물에 우려낸 다음 나물로 무쳐 먹는다.

▶**약용부위** : 어린잎, 뿌리

유사 식물

머위

개머위

91 모데미풀

- 이 명 : 운봉금매화, 금매화아재비
- 생약명 : 미나리아재비과
- 학 명 : *Megaleranthis saniculifolia* Ohwi
- 개화기 : 5월

▲ 전초 압화

▶생육특성

모데미풀은 지리산 이북 높은 산에
자라는 다년생 초본이다. 생육환경
은 상대습도가 높은 곳이나 습도가
높은 곳에서 잘 자란다.

▶외형

키는 20~40㎝ 정도이며, 잎은 긴 잎
자루에서 3개로 갈라지며, 잎자루가
짧고 2~3개로 깊게 갈라진 다음 톱
니가 생기거나 다시 2~3개로 갈라
지며, 양면에 털이 없고 톱니 끝이 뾰
족하다.

▶꽃과 열매

꽃은 흰색으로 지름이 2㎝ 정도이며
꽃줄기가 1개 나와 상층부에 꽃이 1
개 달리고, 길이는 0.5㎝ 정도이다.
열매는 7월경에 달리고 길이는 1.2㎝
이다. 습기를 좋아하는 식물이기 때
문에 습기가 많은 곳에 심어두면 좋
은 꽃을 얻을 수 있다. 지리산 남원
운봉에서 처음으로 발견되었다고 하
여 그곳 지명인 '모데기'를 따서 모데
미풀이라 이름 지었다고도 한다.

▲ 모데미풀_ 꽃봉오리

▲ 모데미풀_ 개화 직전

▲ 모데미풀_ 시드는 과정

▲ 모데미풀_ 전초

▲ 모데미풀_ 꽃

관리 및 번식요령

▶관리법

반그늘 혹은 음지에서 자라는 식물이며 유의할 부분은 습도이다. 공기 중의 습도
가 높은 곳을 좋아하는 식물이기 때문에 공중습도를 높게 해주고 또한 토양의 습
도도 높여주어야 한다.

▶번식법

7~8월경에 종자가 익으면 바로 뿌려 묘종을 얻을 수 있고, 종자를 종이에 싸서
냉장보관하여 이듬해 봄에 뿌리는 방법이 있다. 종자 파종을 8~9월에 하면 유의
할 점은 내부 온도가 높게 하면 안 된다는 것이다. 이 시기는 종자 발아율은 높지
만 어린 묘가 고온에 의해 쉽게 상할 수도 있기 때문이다. 묘는 가을에 지상부 잎
이 마른 다음 포기나누기를 한다.

▶용도 : 관상용

92 모싯대

- 이 명 : 모시때, 모시대
- 생약명 : 제니(薺苨), 지삼(地蔘)
- 학 명 : *Adenophora remotiflora* (Siebold & Zucc.) Miq.
- 과 명 : 초롱꽃과
- 개화기 : 7~9월

▲ 전초 압화

▶ 생육특성

모싯대는 우리나라의 각처 산에서 자라는 다년생 초본이다. 생육환경은 숲 속의 그늘진 습기가 많은 곳에서 자란다.

▶ 외형

키는 40~100㎝이고 잎은 난형이며 길이는 5~20㎝, 폭은 3~8㎝이다. 잎 가장자리에 톱니가 있으며, 끝은 뾰족하고 아래 잎은 둥글거나 심장형이다.

▶ 꽃과 열매

꽃은 원줄기 끝에서 밑을 향해 종 모양을 하며 드문드문 피고 보라색이다. 열매는 10~11월에 익는다. 관상용으로 쓰이며 어린잎은 식용, 뿌리는 약용으로 사용한다.

▲ 모싯대_ 꽃

▲ 모싯대_ 종자 결실

▲ 모싯대_ 전초

▶관리법 : 토양이 비옥한 반그늘 화단에 재배하고 물은 2∼3일 간격으로 준다.

▶번식법 : 종자가 완전하게 익는 11월경에 받아 이를 냉장고에 저장하여 이듬해 이른 봄 화단에 뿌린다.

▶채취방법 : 봄에는 올라오는 새순을 채취하고, 늦가을에는 뿌리를 캐서 이물질을 제거하고 햇볕에 말린다.

▶성분 : β−sitosterol, daucosterol, gamma−aminobutyric acid, undecan−1−al

▶식용법 : 연한 잎과 줄기 부분은 뿌리와 더불어 식용하고, 뿌리는 이른 봄이나 늦가을에 캐서 삶아 먹는다.

▶약용부위 : 뿌리

도라지

도라지모싯대(흰색)

도라지모싯대

잔대

93 무릇

■ 이 명 : 물구, 물굿, 물구지
■ 생약명 : 면조아(綿棗兒)
■ 학 명 : *Scilla scilloides* (Lindl.) Druce
■ 과 명 : 백합과
■ 개화기 : 7~8월

◀ 전초 압화

▶ 생육특성

무릇은 우리나라 각처의 들이나 산에서 자라는 다년생 초본이다. 생육 환경은 양지바른 곳이면 어디에서든지 자란다.

▶ 외형

키는 20~50㎝이고, 잎은 선형이며 여러 장의 잎이 밑동에서 나온다. 잎 끝이 날카로우며 길이는 15~30㎝, 폭은 0.4~0.6㎝이다.

▶ 꽃과 열매

꽃은 진한 분홍색으로 줄기 윗부분에서 여러 송이가 뭉쳐서 핀다. 뿌리는 둥글고 길이 2~3㎝이고, 껍질은 흑갈색이다. 열매는 9~10월경에 열리고 종자는 넓고 뾰족하다.

▲ 무릇_ 잎 올라오는 모습

▲ 무릇_ 꽃

▲ 무릇_ 잎 전개되는 모습

▲ 무릇_ 종자 결실

400

▶ **관리법** : 양지바르고 물 빠짐이 좋은 화단에 심고 물은 1~2일 간격으로 준다.

▶ **번식법** : 9~10월에 익은 종자를 가을에 뿌리거나 이듬해 봄 화분이나 화단에 뿌리고, 비늘줄기를 칼로 여러 개 나누어 모래에 꽂아서 번식시킨다. 해마다 많은 비늘줄기가 생기기 때문에 따로 분리해도 좋다.

▶ **채취방법** : 이른 봄에는 난초처럼 올라온 어린잎을 채취하고, 종자 결실이 끝난 가을에는 구근을 채취하여 이물질을 제거한 후 햇볕에서 말린다.

▶ **성분** : 과당, 자당, 전분 amylopectin 다당류, inulin 다당을 함유, proscillaridin A, 유독 glucoside

▶ **식용법** : 옛날에는 구황작물로 이용하기도 하였고 이른 봄에 채취한 어린잎은 비타민이 많이 들어 있어 끓는 물에 살짝 데친 후 먹는다. 비늘줄기는 물을 조금 넣고 물이 줄어들 때까지 불을 가하면 마치 엿처럼 변하는데 이를 아이들 간식으로도 먹었다.

▶ **약용부위** : 구근

· 유사 식물

석산(꽃무릇)

중의무릇

흰무릇

94 물레나물

- 이 명 : 애기물레나물, 매대체, 좀물레나물, 긴물레나물
- 생약명 : 대련교(大連翹), 홍한련(紅旱蓮)
- 학 명 : *Hypericum ascyron* L.
- 과 명 : 물레나물과
- 개화기 : 6~8월

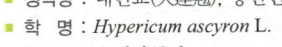

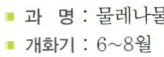

▲ 전초 압화

▶ 생육특성

물레나물은 우리나라 각처의 산지에서 자라는 다년생 초본이다. 생육특성은 반그늘이나 햇볕이 잘 들어오는 곳의 물기가 많은 곳에서 자란다.

▶ 외형

키는 50~80㎝이며, 잎은 피침형이며 밑동으로 줄기를 감싸고 있고, 길이가 5~10㎝, 폭은 1~2㎝이다.

▶ 꽃과 열매

꽃은 줄기의 끝에서 한 송이씩 계속해서 피며 지름은 4~6㎝이다. 이 품종은 물기가 많은 곳에서 자라고 꽃이 크며 또 꽃의 모양이 마치 배의 스크루나 어린이들이 가지고 노는 바람개비와 비슷하기 때문에 알기 쉬운 꽃이다. 열매는 10~11월에 달리고 종자는 작은 그물 모양으로 되어 있고 길이 0.1㎝ 정도로 미세하다.

▲ 물레나물_ 새순 올라오는 모습

▲ 물레나물_ 잎 전개되는 모습

▲ 물레나물_ 꽃

▲ 물레나물_ 종자 결실

▶ **관리법**

습기가 많은 화단에 심고, 화분에 심을 경우 빛이 많이 들어오는 곳에 두어야 하며 물은 하루 간격으로 준다.

▶ **번식법**

늦가을이나 이른 봄에 포기나누기를 하고 9~10월경 열리는 종자로 번식시킨다. 종자는 씨방에 미세하게 많이 들어 있기 때문에 이를 이른 봄에 화분이나 화단에 뿌린다.

▶ **채취방법**

이른 봄에 어린순과 잎을 같이 채취하고, 열매가 익은 가을에 뿌리를 채취하여 이물질을 제거한 후 끓는 물에 담갔다가 건져 햇볕에 말린다.

▶ **성분**

quercetin, kaempferol, hyperin, rutin, isoquercitrin, v−b1

▶ **식용법** : 봄에 어린순과 잎을 나물로 먹는다.

▶ **약용부위** : 전초

유사 식물

큰물레나물

95 물매화

- 이 명 : 물매화풀, 풀매화
- 생약명 : 매화초(梅花草)
- 학 명 : *Parnassia palustris* L.
- 과 명 : 범의귀과
- 개화기 : 7~9월

▶생육특성

물매화는 우리나라 각처의 산에서 자라는 다년생 초본이다. 생육환경은 햇볕이 잘 들어오는 양지와 습기가 많지 않은 산기슭에서 자란다.

▶외경

키는 약 10~30㎝이고, 잎은 길이가 5~7㎝, 폭은 3~5㎝로 끝은 뭉뚝하고 가장자리에 톱니가 없는 난형이다.

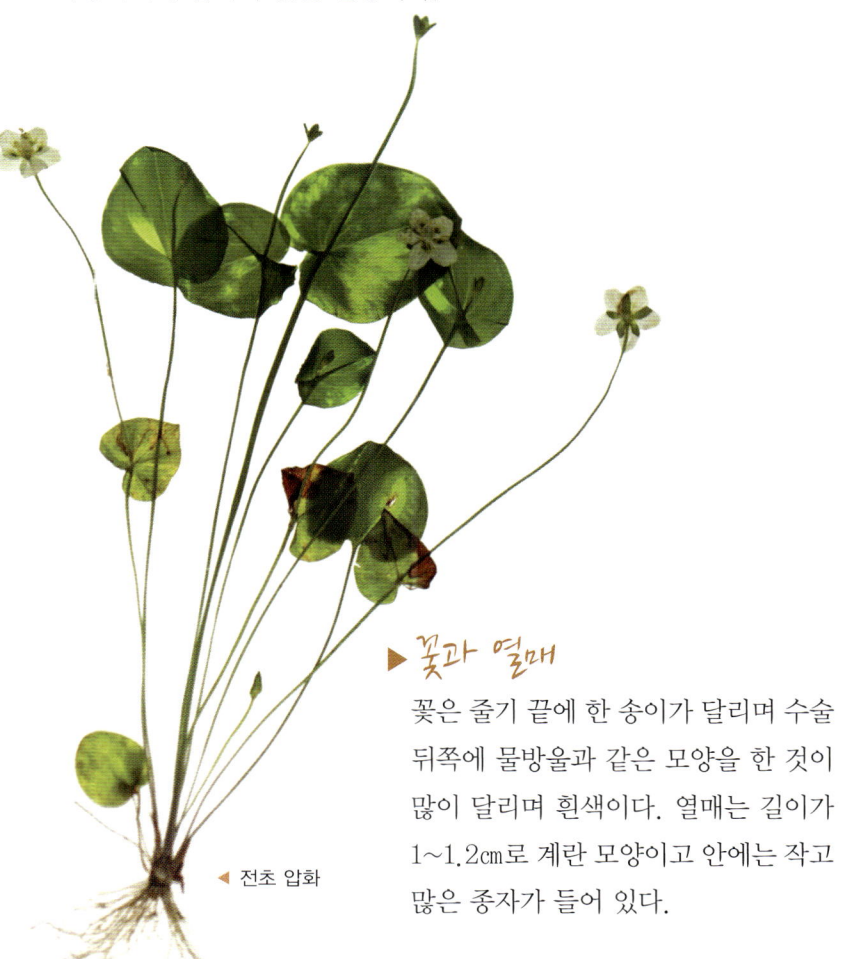

◀ 전초 압화

▶꽃과 열매

꽃은 줄기 끝에 한 송이가 달리며 수술 뒤쪽에 물방울과 같은 모양을 한 것이 많이 달리며 흰색이다. 열매는 길이가 1~1.2㎝로 계란 모양이고 안에는 작고 많은 종자가 들어 있다.

▲ 물매화_ 잎 올라오는 모습

▲ 물매화_ 종자 발아 후 잎 올라오는 모습

▲ 물매화_ 시들어가는 모습

▲ 물매화_ 종자 결실(정면)

▲ 물매화_ 꽃(측면)

▲ 물매화_ 붉은 수술을 가진 변이체(정면)

▲ 물매화_ 종자 결실(측면)

▲ 물매화_ 종자 완숙

▲ 물매화_ 무리

▶관리법

뿌리가 잘 발달할 수 있도록 땅이 약간 푹신한 화단에 심는다. 화분으로 만들어 집 안에 두어도 좋은데 큰 화분에 물 빠짐이 좋은 토양을 넣고 2~3일 간격으로 물을 준다.

▶번식법

이른 봄에 포기나누기를 하거나 10~11월에 익는 종자를 종이에 싸서 냉장보관 후 이듬해 봄 화단에 뿌린다. 종자가 워낙 미세하기 때문에 조금만 가지고도 많은 개체를 얻을 수 있다. 종자 발아율도 매우 높다.

▶채취방법

여름에 전초를 채취하여 햇볕에 말린다.

▶성분 : kaempferol, rutin, hyperin, quercetin, alkaloid

▶약용부위 : 전초

애기물매화

96 물봉선

- 이 명 : 물봉숭, 물봉숭아
- 생약명 : 야봉선화(野鳳仙花)
- 학 명 : *Impatiens textori* Miquel
- 과 명 : 봉선화과
- 개화기 : 8~9월

▶ 생육특성

물봉선은 우리나라 각처의 산이나 들에서 자라는 1년생 초본이다. 생육환경은 습기가 많은 곳이나 계곡 근처의 물이 빨리 흐르지 않는 곳에서 자란다.

▶ 외형

키는 약 60㎝ 내외이고, 잎은 난형이고 가장자리에 톱니가 있으며 길이는 6~15㎝ 정도이다.

▶ 꽃과 열매

꽃은 홍자색으로 꽃자루가 길게 뻗어 있으며, 자주색 반점이 있고 끝이 안으로 말리고 아랫부분에 붉은 선모와 작은 포가 있다. 유사한 종으로는 미색물봉선, 흰물봉선, 노랑물봉선, 가야물봉선 등이 있다.

▲ 물봉선_ 새순 올라오는 모습

▲ 물봉선_ 꽃봉오리

▲ 물봉선_ 꽃이 활짝 핀 모습

▲ 물봉선_ 꽃과 열매

▲ 물봉선_ 종자 결실

▶ **관리법** : 물이 많은 화단에서 재배한다.

▶ **번식법** : 10월에 결실되는 종자를 이듬해 봄 화단에 뿌린다. 종자가 익으면 바람
만 불어도 터지기 때문에 조심스럽게 받아야 한다.

▶ **채취방법** : 꽃이 핀 여름과 가을에 전초를 채취하여 생것을 그대로 이용하거나 햇
볕에 말린다.

▶ **성분** : flavonoid

▶ **약용부위** : 전초

가야물봉선(전초)

가야물봉선(꽃 정면)

가야물봉선(꽃 측면)

가야물봉선(꽃이 시드는 모습)

97 미나리냉이

- 이 명 : 승마냉이, 미나리황새냉이
- 생약명 : 채자칠(菜子七)
- 학 명 : *Cardamine leucantha* (Tausch) O. E. Schulz var. *leucantha*
- 과 명 : 십자화과
- 개화기 : 5~7월

전초 압화 ▶

▶ 생육특성

미나리냉이는 우리나라 각처의 산골짜기에서 자라는 다년생 초본이다. 생육환경은 물기가 많은 그늘진 골짜기에서 자란다.

▶ 외형

키는 약 50㎝ 내외이고, 전체적으로 부드러운 털이 있다. 잎은 길이가 약 15㎝ 정도이고, 가장자리에 새의 날개와 같은 모양으로 5~7장의 작은잎으로 된 불규칙한 톱니가 있다.

▶ 꽃과 열매

꽃은 흰색으로 지름은 0.5~0.8㎝이고, 작은꽃들이 원줄기 끝과 가지 끝에 뭉쳐 달린다. 열매는 8~9월경에 달리고 길이는 2~3㎝, 폭은 약 0.2㎝ 정도이며 옆으로 약간 퍼진다. 종자는 암갈색이고 난형으로 길이는 약 0.2㎝가량이다.

▲ 미나리냉이_ 새순 올라오는 모습

▲ 미나리냉이_ 잎

▲ 미나리냉이_ 꽃망울이 맺히는 모습

▲ 미나리냉이_ 개화 직전

▲ 미나리냉이_ 종자 결실

▲ 미나리냉이_ 꽃

□

· 관리 및 번식요령

▶ **관리법**
화단의 마른 곳이나 습기가 많은 곳 어
디에도 잘 자란다.

▶ **번식법**
이른 봄에 포기나누기하거나 8~9월
에 익은 종자를 이른 봄에 화단에 파
종한다.

▶ **채취방법** : 이른 봄 어린순을 채취한다.

▶ **식용법** : 어린순을 나물로 먹는다.

▶ **약용부위** : 전초

· 유사 식물

황새냉이

⑱ 미나리아재비

- 이 명 : 놋동이, 자래초, 바구지, 참바구지
- 생약명 : 모간(毛茛)
- 학 명 : *Ranunculus japonicus* Thunb.
- 과 명 : 미나리아재비과
- 개화기 : 6~7월

▶ 생육특성

미나리아재비는 우리나라 산이나 들에서 자라는 다년생 초본이다. 생육환경은 햇볕이 잘 들어오는 곳의 약간 건조한 땅에서 자란다.

▶ 외형

키는 50~70㎝이고, 잎 길이는 2.5~7㎝, 폭이 3~10㎝로 뭉쳐서 나고, 잎자루는 길고 오각상 원심장형으로서 3개로 갈라지고 가장자리에는 톱니가 없다.

▶ 꽃과 열매

꽃은 짙은 노란색으로 줄기 끝에 여러 송이가 붙어서 핀다. 열매는 8~9월경에 길이가 약 0.2㎝ 정도로 달리고 약간 편평하며 끝에 짧은 돌기가 있다. 꽃은 노란색이며 마치 유화에 사용하는 물감처럼 광택이 많이 나서 쉽게 알 수 있다.

▲ 전초 압화

▲ 미나리아재비_ 꽃망울

▲ 미나리아재비_ 꽃망울이 맺힌 모습

▲ 미나리아재비_ 꽃

▲ 미나리아재비_ 종자 결실

관리 및 번식요령

▶관리법

햇살이 많이 드는 양지쪽 화단에 심어야 한다. 실내에서 키우기는 어렵다.

▶번식법

9월경에 익은 종자를 보관하여 이듬해 봄에 화단에 뿌리거나 포기나누기를 한다.

▶채취방법

이른 봄에는 올라오는 어린순을 채취하고, 여름과 가을에는 전초를 생으로 이용한다.

▶성분 : protoanemonin, anemonin, ranunculin

▶식용법

연한 순은 끓는 물에 데쳐 물에서 1~2일 정도 불려 독성을 제거한 후 나물로 먹는다. 유독성이 강한 식물이다.

▶**약용부위** : 전초

유사 식물

왜미나리아재비

산미나리아재비

99 미역취

- 이 명 : 돼지나물
- 생약명 : 일지황화(一枝黃花), 야황국(野黃菊), 황화세신(黃花細辛), 주금화(酒金花)
- 학 명 : *Solidago virgaurea subsp. asiatica* Kitam. ex Hara var. *asiatica*
- 과 명 : 국화과
- 개화기 : 7~10월

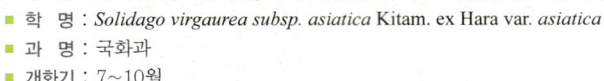

424

◀ 전초 압화

▶ 생육특성

미역취는 우리나라 각처의 산이나 들에서 자라는 다년생 초본이다. 생육환경은 반그늘과 햇볕이 잘 들어오는 곳에서 자란다.

▶ 외형

키는 30~80㎝이고, 잎은 표면이 녹색이고 약간 털이 있으며, 뒷면은 엷은 녹색이며 털이 없다. 잎은 위로 올라가면서 점점 작아지고 가장자리에 톱니가 있으며 길이는 7~9㎝, 폭은 1.5~5㎝이다.

▶ 꽃과 열매

꽃은 노란색으로 3~5개 정도의 꽃이 뭉쳐서 핀다. 열매는 11월에 달리고, 씨방 끝에 솜털과 같은 털이 있으며 길이는 약 0.4㎝ 정도이다.

▲ 미역취_ 잎

▲ 미역취_ 꽃봉오리

▲ 미역취_ 꽃

▲ 미역취_ 꽃 확대한 모습

▲ 미역취_ 시드는 모습　　　　　　▲ 미역취_ 종자 결실

관리 및 번식요령

▶ **채취방·법**

이른 봄에 어린순을 채취하고, 꽃이 달렸을 대는 뿌리를 포함한 전초를 채취하여 이물질을 제거한 후 그늘에 말린다.

▶ **성분**

phenol, tannin, saponin, flavonoid, caffeic acid, quercetin, rutin, astragalin, cyanidin−3−genitobioside, chlorogenic acid, limonen

▶ **식용법**

어린순은 나물로 먹는다.

▶ **약용부위** : 뿌리를 포함한 전초

유사 식물

참취

100 미치광이풀

- **이 명** : 미치광이, 미친풀, 광대작약, 초우성, 낭탕, 독뿌리풀
- **생약명** : 간탕초(看蕩草), 낭탕자(莨蓎子), 낭탕근(莨蓎根)
- **학 명** : *Scopolia japonica* Maxim.
- **과 명** : 가지과
- **개화기** : 4~5월

▶ 생육특성

미치광이풀은 우리나라 각처의 깊은 산 숲에서 자라는 다년생 초본이다. 생육환경은 배수가 잘 되는 곳을 좋아해 주로 돌이 많은 반그늘 혹은 양지쪽에서 자란다.

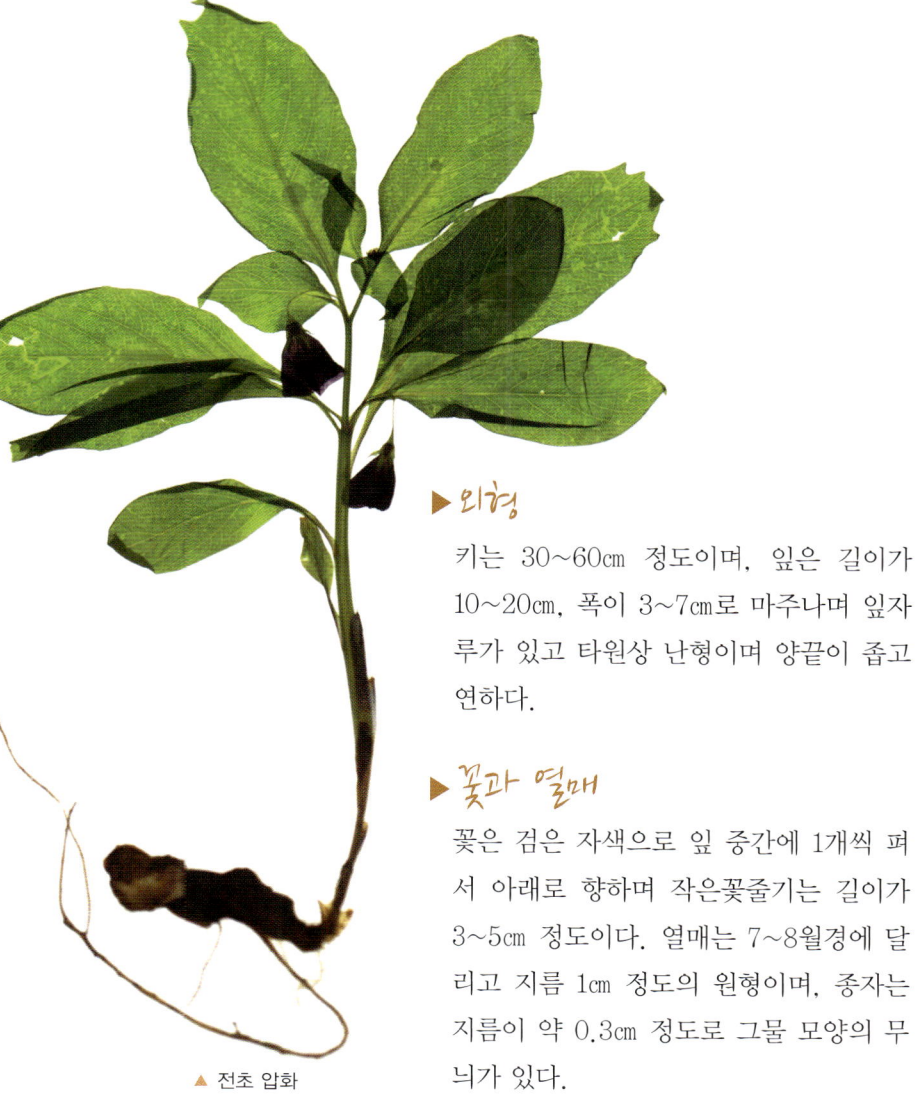

▲ 전초 압화

▶ 외형

키는 30~60㎝ 정도이며, 잎은 길이가 10~20㎝, 폭이 3~7㎝로 마주나며 잎자루가 있고 타원상 난형이며 양끝이 좁고 연하다.

▶ 꽃과 열매

꽃은 검은 자색으로 잎 중간에 1개씩 펴서 아래로 향하며 작은꽃줄기는 길이가 3~5㎝ 정도이다. 열매는 7~8월경에 달리고 지름 1㎝ 정도의 원형이며, 종자는 지름이 약 0.3㎝ 정도로 그물 모양의 무늬가 있다.

▲ 미치광이풀_ 새순 올라오는 모습

▲ 미치광이풀_ 새순이 자라 잎이 전개되는 모습

▲ 미치광이풀_ 꽃봉오리

▲ 미치광이풀_ 개화 직전

·관리 및 번식요령

▶**관리법**
반그늘에서 재배하며 돌이 많이 있는 화단에서 재배하면 좋다. 이는 이 식물이 가진 특징 중의 하나인데 습기는 좋아하지만 물 빠짐이 좋지 않으면 뿌리가 썩는 것과 무관하지 않다.

▶**번식법**
6~7월경에 열리는 종자를 바로 화단에 뿌리거나 종자를 종이에 싸서 냉장보관후 이듬해 이른 봄 화단에 뿌린다. 또한 가을에 뿌리를 캐서 눈이 있는 것을 붙여나누기도 한다. 하지만 권장하는 것은 종자 번식이다.

▶**채취방법**
이른 봄에 어린순을 채취하고, 새순이 올라오기 전 이른 봄과 줄기가 말라 지상부가 없는 가을에는 뿌리를 채취하여 이물질을 제거한 후 햇볕에 말린다.

▶**성분** : alkaloid, 1-hyoscyamine, atropine, scopolamine

▶**식용법** : 어린순은 나물로 먹는다. 유독성 식물이므로 주의해야 한다.

▶**약용부위** : 뿌리

민들레

- 이　명 : 안질방이
- 생약명 : 포공영(蒲公英)
- 학　명 : *Taraxacum platycarpum* Dahlst.
- 과　명 : 국화과
- 개화기 : 4～5월

▶ 생육특성

민들레는 우리나라 각처의 산과 들에 흔히 자라는 다년생 초본이다. 생육환경은 반그늘이나 양지 어디나 무관하고 토양의 비옥도에 관계없이 자란다.

▶ 외형

키는 10~30㎝이고, 잎은 길이가 20~30㎝, 폭은 2.5~5㎝이고, 뿌리에서 나와 옆으로 퍼지며 뾰족하고 잎몸은 깊게 갈라지고 갈래는 6~8쌍이며 가장자리에 톱니가 있다.

▲ 전초 압화

▶ 꽃과 열매

꽃은 노란색으로 지름이 3~7㎝이고, 잎과 같은 길이의 꽃줄기 위에 달린다. 열매는 6~7월경이고 검은색 종자에 은색 갓털이 붙어 있다. 서양민들레와의 차이는 꽃받침에서 알 수 있는데, 우리나라의 자생 민들레는 꽃받침이 그대로 있지만 서양민들레의 경우는 아래로 처져 있다. 이것이 가장 구분하기 쉬운 방법이다.

▲ 민들레_ 꽃과 꽃봉오리

▲ 민들레_ 꽃

▲ 민들레_ 시든 모습

관리 및 번식요령

▶관리법

어떤 환경에서도 살아가는 식물이다. 잎이나 뿌리를 식용 혹은 약용으로 사용하려고 할 경우는 주변 오염도가 낮은 곳을 택해야 한다.

▶번식법 : 종자가 익어 날리기 전에 언제든지 뿌려도 된다.

▶채취방법

이른 봄에 나오는 새순을 채취하고, 꽃이 피기 전인 봄과 꽃이 핀 후의 여름에 뿌리를 포함한 전초를 뽑아 이물질을 제거하고 깨끗이 씻어서 햇볕에 말린다.

▶성분

taraxasterol, caffeic acid, cholin, pectin, behenic acid, inulin, taraxerol, β-sitosterol

▶식용법

쓴맛이 나지만 연한 생잎은 깨끗하게 씻어서 그냥 먹거나 양념을 한 후 나물로 먹는다.

▶약용부위 : 뿌리를 포함한 전초

102 민백미꽃

- **이 명** : 흰백미, 개백미, 민백미
- **생약명** : 백전(白前), 유엽백전(柳葉白前)
- **학 명** : *Cynanchum ascyrifolium* (Franch. & Sav.) Matsum.
- **과 명** : 박주가리과
- **개화기** : 5~7월

▶ 생육특성

민백미꽃은 우리나라 각처의 산과 들에서 자라는 다년생 초본이다. 생육환경은 반그늘이고 물 빠짐이 좋은 토양이 비옥한 곳에서 자란다.

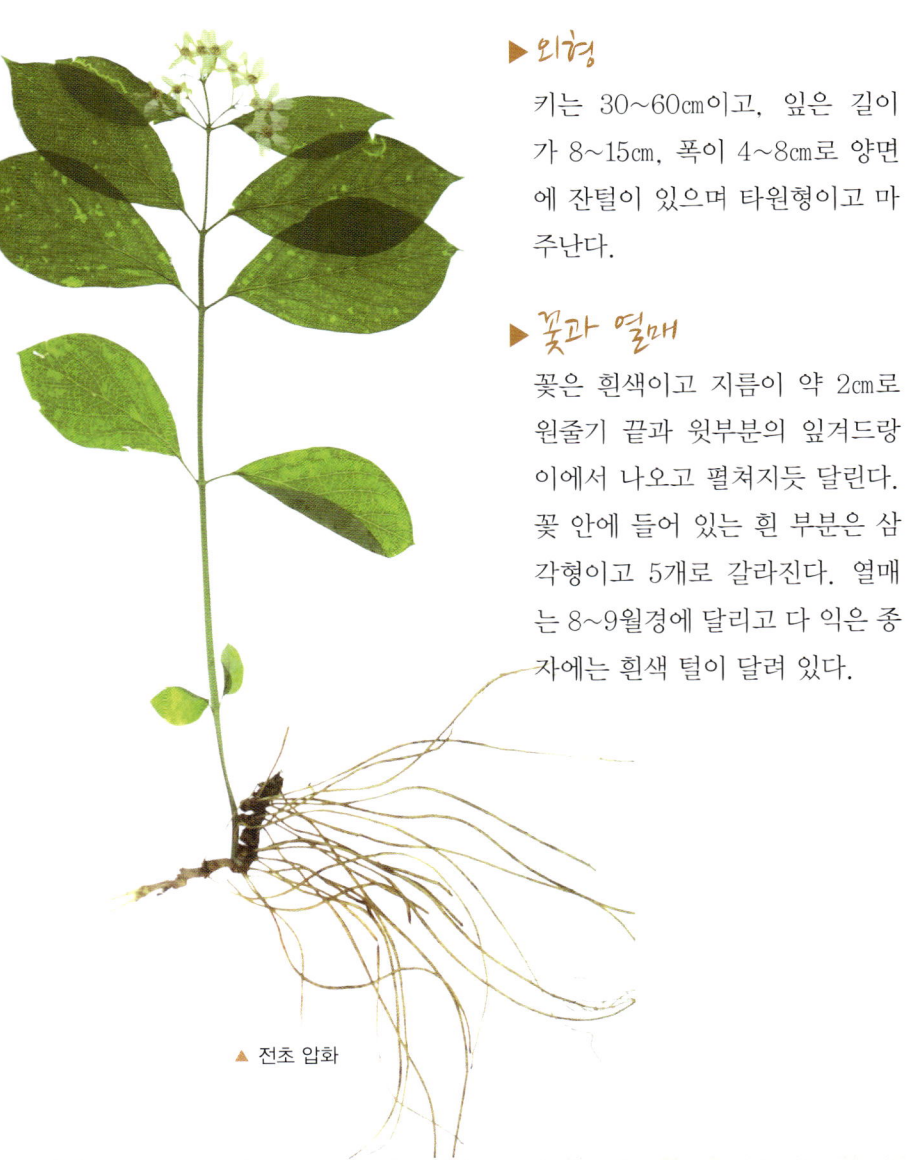

▲ 전초 압화

▶ 외형

키는 30~60cm이고, 잎은 길이가 8~15cm, 폭이 4~8cm로 양면에 잔털이 있으며 타원형이고 마주난다.

▶ 꽃과 열매

꽃은 흰색이고 지름이 약 2cm로 원줄기 끝과 윗부분의 잎겨드랑이에서 나오고 펼쳐지듯 달린다. 꽃 안에 들어 있는 흰 부분은 삼각형이고 5개로 갈라진다. 열매는 8~9월경에 달리고 다 익은 종자에는 흰색 털이 달려 있다.

▲ 민백미꽃_ 새순 올라오는 모습

▲ 민백미꽃_ 꽃봉오리

▲ 민백미꽃_ 꽃

438

▶관리법

화단이나 화분에 심으면 좋다. 꽃이 순백색으로 피기 때문에 아름답고 키가 작아
서 화분에도 어울린다. 물은 2~3일 간격으로 준다.

▶번식법

9월에 받은 종자를 바로 화분에 뿌리거나 종자를 종이에 싸서 냉장보관 후 이듬해
봄에 뿌린다. 포기나누기는 가을이나 이듬해 봄에 한다.

▶채취방법 : 줄기가 시든 후 뿌리를 채취하여 이물질을 제거하고 햇볕에 말린다.

▶성분 : saponin, alkaloid

▶약용부위 : 전초

유사 식물

백미꽃

선백미꽃

103 바늘꽃

- 학 명 : *Epilobium pyrricholophum* Franch. & Sav.
- 과 명 : 바늘꽃과
- 개화기 : 8월

◀ 전초 압화

▶ 생육특성

바늘꽃은 우리나라 각처의 산이나 들,
물가에 자라는 다년생 초본이다. 생육
환경은 햇볕이 잘 들어오는 물가나 풀
숲에서 자란다.

▶ 외형

키는 약 30~80㎝가량이고, 잎은 원
줄기를 감싸고 있는 난형으로 길이
는 2~10㎝가량이며 불규칙한 톱니
가 있다.

▶ 꽃과 열매

꽃은 연한 홍자색으로 꽃잎은 4장이
고 암술은 원기둥 모양을 하며 선모가
많이 있다. 윗부분의 잎 사이에서 한
송이씩 달리고 꽃자루가 거의 없다.
열매는 9~10월경에 달리고, 종자는
끝이 둥글고 길이는 0.13~0.18㎝이
며 겉이 뾰족하게 도드라져 있고 빽빽
하며 적갈색의 솜털이 있다. 관상용으
로 쓰이며 전초는 약용으로 사용한다.

▲ 바늘꽃_ 꽃

▲ 바늘꽃_ 종자 결실

▲ 바늘꽃_ 전초

관리 및 번식요령

▶ **관리법**

습기가 많은 화단에 심고 물은 매일 준다.

▶ **번식법**

가을에 포기나누기를 하거나 10월경 종자를 받아 보관 후 이른 봄 화단에 뿌린다.

▶ **채취방법**

꽃봉오리가 맺힌 상태나 꽃이 핀 상태에서 전초를 채취하여 잎과 꽃에 있는 이물질을 제거한 후 햇볕에 말린다.

▶ **약용부위** : 전초

유사 식물

분홍바늘꽃

돌바늘꽃

104 바디나물

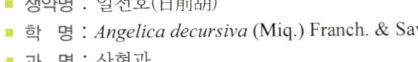

- **이　명** : 사약채, 흰사약채, 흰꽃바디나물, 흰바디나물
- **생약명** : 일전호(日前胡)
- **학　명** : *Angelica decursiva* (Miq.) Franch. & Sav.
- **과　명** : 산형과
- **개화기** : 8~9월

◀ 전초 압화

▶ 생육특성

바디나물은 우리나라 각처의 산이나 들의 습기가 많은 곳에서 자라는 다년생 초본이다. 생육환경은 햇볕이 잘 들어오는 양지와 반그늘의 물기가 많은 곳에서 자란다.

▶ 외형

키는 80~150㎝ 이고, 잎은 삼각상 넓은 난형으로 깃꼴겹잎이다. 잎의 길이는 5~10㎝이고, 결각 모양의 톱니와 예리한 톱니가 있다.

▶ 꽃과 열매

꽃은 짙은 자주색이나 흰색으로 줄기위와 잎 사이에서 핀다. 열매는 10~11월경에 달리고 길이가 약 0.5㎝이며 편평한 타원형이다.

ㅂ

▲ 바디나물_ 새순 올라오는 모습

▲ 바디나물_ 잎

▲ 바디나물_ 꽃

446

▲ 바디나물_ 종자 결실

관리 및 번식요령

▶관리법

토양 유기물 함량이 높은 화단에 심는다.

▶번식법

11월에 결실된 종자를 종이에 싸서 냉장보관 후 이듬해 봄, 화단에 뿌리거나 가을이나 이른 봄에 포기나누기를 한다.

▶채취방법

이른 봄에는 어린순을 채취하고, 줄기가 시든 가을이나 겨울에는 뿌리를 채취하여 이물질을 제거하고 햇볕에 건조한다.

▶성분

nodakenin, spongesterol, mannitol, estragole, liminene, isoimperatorin, badinin, imperatorin, bergapten, umbelliferone

▶식용법 : 어린순은 나물로 먹는다.

▶약용부위 : 뿌리

105 바위떡풀

- 이 명 : 지이산바위떡풀, 지리산바위떡풀, 대문자꽃잎풀, 섬바위떡풀, 지이산떡풀
- 생약명 : 화중호이초(華中虎耳草)
- 학 명 : *Saxifraga fortunei* var. *incisolobata* (Engl. & Irmsch.) Nakai
- 과 명 : 범의귀과
- 개화기 : 8~9월

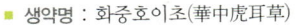

◀ 전초 압화

▶생육특성

바위떡풀은 우리나라 각처의 산 습한 곳에서 자라는 다년생 초본 이다. 생육환경은 산 바위틈에 물 기가 많은 곳과 습한 이끼가 많은 곳에서 자란다.

▶외형

키는 7~17㎝이고, 잎은 약간 다 육질로 되어 있으며, 둥근 심장형 이다. 잎의 길이는 약 5~9㎝, 폭 은 7~10㎝이며, 가장자리는 손바 닥 모양으로 갈라지고 뒷면은 흰 색이다.

▶꽃과 열매

꽃은 약 5~30㎝의 꽃줄기 위에 서 흰색으로 핀다. 열매는 10월 에 달리고 길이는 약 0.5㎝ 정도 로 난형이며 끝에는 2개의 돌기가 있다. 종자는 긴 방추형이고 길이 는 약 0.8㎝ 정도이다. 유사종으 로 '지리산바위떡풀'이 있는데 바 위떡풀보다 잎의 털이 적은 것을 보고 구분한다.

▲ 바위떡풀_ 잎 올라오는 모습

▲ 바위떡풀_ 잎

▲ 바위떡풀_ 꽃

▲ 바위떡풀_ 전초

·관리 및 번식요령

▶**관리법** : 토양이 습한 화단에 심고 물은 매일 준다.

▶**번식법**
잎이 떨어진 가을에 포기나누기를 하거나, 10~11월에 결실되는 종자를 이듬해
봄 화분이나 화단에 뿌린다.

▶**채취방법**
이른 봄에는 어린순을 채취하고, 꽃봉오리가 맺혀 있거나 꽃이 핀 상태에서 채취
하여 이물질을 제거하고 햇볕에 말린다.

▶**성분** : bergenin, tannin, glucose, arbutin, aesculin

▶**식용법** : 어린잎은 끓는 물에 살짝 데쳐 나물로 먹는다.

▶**약용부위** : 꽃을 포함한 전초

106 바위솔

- 이 명 : 지붕직이, 와송, 넓은잎지붕지기, 오송, 넓은잎바위솔(북)
- 생약명 : 와송(瓦松)
- 학 명 : *Orostachys japonica* (Maxim.) A. Berger
- 과 명 : 돌나물과
- 개화기 : 9월

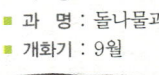

◀ 전초 압화

▶ 생육특성

바위솔은 우리나라 각처의 산과 바위에서 자라는 다년생 초본이다. 생육환경은 햇볕이 잘 들어오는 바위나 집 주변의 기와에서 자란다.

▶ 외형

키는 20~40㎝ 정도 되고, 잎은 원줄기에 많이 붙어 있으며, 끝부분은 가시처럼 날카롭다.

▶ 꽃과 열매

꽃은 흰색으로 줄기 아랫부분에서 피며 위쪽으로 올라간다. 집 주변의 오래된 기와에서 흔히 볼 수 있는 품종으로 일명 "와송(瓦松)"이라고도 하며, 꽃대가 출현하면 아래에서 올라와 위로 올라가면서 촘촘하게 되어 있던 잎들은 모두 줄기를 따라 올라가며 느슨해진다. 꽃이 피고 씨앗이 열리면 잎은 모두 고사한 상태로 남아 있다.

▲ 바위솔_ 새순 올라오는 모습

▲ 바위솔_ 잎 전개되는 모습

▲ 바위솔_ 꽃

▲ 바위솔_ 종자 결실

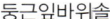

· 관리 및 번식요령

▶ **관리법** 어느 곳에서나 잘 자라지만 이 품종은 바람이 잘 통하고 온도가 낮은 곳에 심는 것이 좋다. 특히 화분에서 키울 때는 이끼와 함께 심어 수분관리를 해줘야 한다. 물은 3～4일 간격으로 준다.

▶ **번식법** : 11월경에 꽃이 진 개체를 잡고 바로 뿌린다. 이때 줄기를 마구 흔들어 안에 들어 있는 작은 종자들을 모두 털어야 한다. 종자 발아율은 높다. 이른 봄이나 가을에 새로 나온 순을 분리하여 심어도 좋다.

▶ **채취방법** : 봄에는 새순을 채취하고, 잎이 무성한 여름과 꽃대를 가지고 있는 가을에는 전초를 채취하여 뿌리와 이물질을 제거하고 햇볕에 말린다.

▶ **성분** : 15-methyl-heptadecanoic acid, 1-hexacosene, arachidic acid, behenic acid, beta-amyrin, friedelin, glutinol, glutinone, hexatriacontanol, n-tetracos-10-ene, stearic acid

▶ **식용법** : 봄에 새순을 채취하여 즙을 내어 먹기도 하고, 말린 후 차로도 먹는다. 가을에 꽃이 핀 상태에서 약술을 담근다.

▶ **약용부위** : 꽃을 포함한 전초

· 유사 식물

둥근잎바위솔

난쟁이바위솔

107 바위채송화

- 이 명 : 개돌나물, 대마채송화
- 학 명 : *Sedum polytrichoides* Hemsl.
- 과 명 : 돌나물과
- 개화기 : 7~9월

▶ 생육특성

바위채송화는 중부 이남의 산지에서 자라는 다년생 초본이다. 생육환경은 바위틈이나 햇볕이 잘 들어오는 곳에서 자란다. 이 품종은 산의 돌 틈에서 가장 많이 볼 수 있으며 여름 산에 가면 물가 근처의 돌 틈에서 많이 볼 수 있다.

◀ 전초 압화

▶ 외형

키는 약 7㎝ 내외이고, 잎은 약간 다육질이고 끝이 뾰족하고 선형이며, 길이는 2㎝가량 된다.

▶ 꽃과 열매

꽃은 황색으로 피고 꽃자루가 없으며 가지 끝에서 가지가 갈라지며 꼭대기에서 한 개가 피고 다른 옆 가지에서 계속해서 핀다. 열매는 10월경에 달리고 길이는 0.7~1㎝로 둥글고 뾰족하다. 관상용으로 쓰인다.

▲ 바위채송화_ 잎 올라오는 모습

▲ 바위채송화_ 꽃

▲ 바위채송화_ 종자 결실

458

▲ 바위채송화_ 무리

관리 및 번식요령

▶ **관리법**

화분이나 화단의 바위나 토양이 마른 곳에 심고, 공중습도를 높이기 위해 분무기로 하루에 3~4번 뿌린다.

▶ **번식법**

10월에 결실되는 종자를 이듬해 봄 화분에 뿌리거나 가을이나 봄에 포기를 나눈다.

▶ **용도 : 관상용**

유사 식물

땅채송화

⬤108 박새

- ■ 이 명 : 묏박새, 넓은잎박새, 꽃박새
- ■ 생약명 : 여로(藜蘆), 첨피여로(尖被藜蘆), 녹총(鹿蔥)
- ■ 학 명 : *Veratrum oxysepalum* Turcz.
- ■ 과 명 : 백합과
- ■ 개화기 : 6~7월

▶ 생육특성

박새는 우리나라 각처의 깊은 산지에서 자라는 다년생 초본이다. 생육환경은
반그늘지고, 습기가 많은 곳에서 자란다.

▶ 외형

키는 약 1.5m가량이며, 잎은 타원형으로 가장자리에 털이 많이 나 있고, 길이
는 20㎝가량 혹은 12㎝가량이다. 잎맥이 많으며 주름이 져 있고, 뒷면에 짧은
털이 있다.

▶ 꽃과 열매

꽃은 35~50㎝가량이고, 안쪽은 연한 황백색, 뒤쪽은 황록색이다. 열매는
9~10월경에 달리고 타원형이며 길이는 2㎝ 정도고 윗부분이 3개로 갈라진다.

ㅂ

▲ 박새_ 새순 올라오는 모습

▲ 박새_ 잎(부분 확대)

▲ 박새_ 꽃대 올라오는 모습

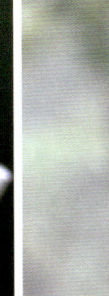

▲ 박새_ 꽃봉오리

▲ 박새_ 꽃

▲ 박새_ 종자 결실

▲ 박새_ 무리

ㅂ

관리 및 번식요령

▶**관리법**

화단의 토양이 비옥하면 1m 이상 자란다. 물은 1~2일 간격으로 충분하게 준다.

▶**번식법**

가을이나 봄에 포기나누기를 하고, 8~9월에 결실되는 종자를 바로 화분이나 화단에 뿌리거나 이듬해 봄에 뿌린다.

▶**채취방법**

이른 봄 꽃대가 출현하기 전과 가을에 줄기가 시든 후 뿌리를 채취하여 이물질을 제거한 후 햇볕에 말리거나 끓는 물에 데친 후 햇볕에 말린다.

▶**성분**

veratroyl-zygadenine, β-sitosterol, jervine, pseudojervine, rubijervine, colchicine, germerine

▶**약용부위** : 뿌리

109 박주가리

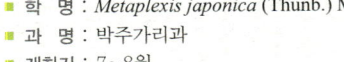

- **생약명** : 나마(蘿藦), 양각채(羊角菜), 백환등(白環藤), 작표(雀瓢)
- **학 명** : *Metaplexis japonica* (Thunb.) Makino
- **과 명** : 박주가리과
- **개화기** : 7~8월

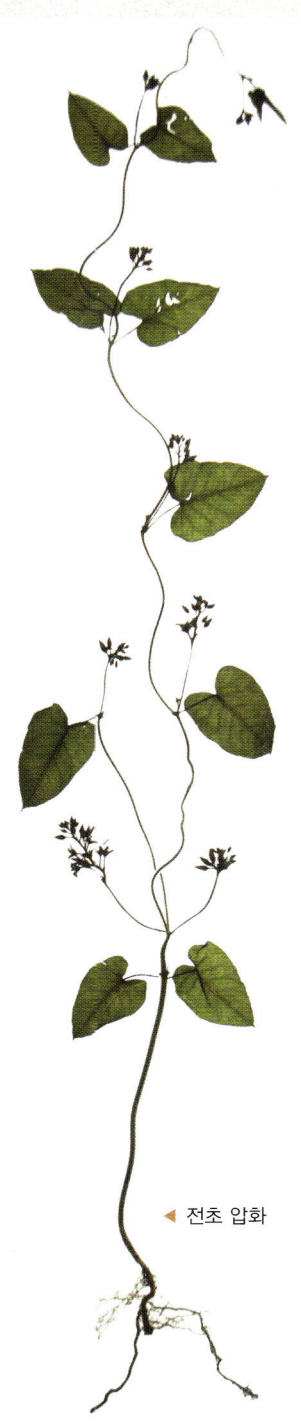

◀ 전초 압화

▶생육특성

  박주가리는 우리나라 각처에서 자생하는 덩굴성 다년생 초본이다. 생육환경은 토양이 비옥하고 양지바른 곳에서 자란다.

▶외형

키는 약 3m 내외까지 자라고, 잎은 길이가 5~10㎝, 폭은 3~6㎝로 털이 없으며 끝이 뾰족하고 뒷면은 분처럼 희다.

▶꽃과 열매

꽃은 길이가 2~5㎝로 꽃자루가 있고 엷은 자색이다. 열매는 "나마자"라고 하며 10~11월에 달리고 길이 10㎝의 뿔 모양이며 앞쪽에는 돌기가 많이 있고, 종자는 길이가 약 0.7㎝ 정도로 편평하며 은백색의 명주실 같은 것이 달려 있어 바람이 불면 쉽게 떨어져 날린다. 관상용으로 쓰이며 어린순은 식용한다. 또한 전초 또는 뿌리를 약용하는데, 여름에 채취하여 햇볕에 말리거나 생으로 사용한다.

ㅂ

▲ 박주가리_ 잎 올라오는 모습

▲ 박주가리_ 덩굴 감고 올라가는 모습

▲ 박주가리_ 꽃

▲ 박주가리_ 씨앗 터지기 전

▲ 박주가리_ 씨앗 터지는 모습

▸ 관리 및 번식요령

▶ **관리법** : 화단에 심으며 덩굴이 올라갈 수 있게 줄이나 나무가 주변에 있어야 한다. 물은 2~3일 간격으로 준다.

▶ **번식법** : 11월경에 익은 종자가 날리기 전에 받아 이듬해 봄 화단에 뿌린다.

▶ **채취방법** : 꽃이 피는 여름에 채취하여 이물질을 제거하고 생것으로 사용하거나 햇볕에 말린다.

▶ **성분** : metaplexigenin, isoramanone, d-cymarose, sarcostin, d-digitoxose

▶ **식용법** : 어린순은 채취하여 끓는 물에 데친 후 물에 1~2일 정도 우려 독성을 제거한 후 먹는다.

▶ **약용부위** : 전초 또는 뿌리

▸ 유사 식물

덩굴박주가리

왜박주가리

흑박주가리

110 반디지치

- **이 명** : 억센털개지치, 깔깔이풀
- **생약명** : 지선도(地仙挑)
- **학 명** : *Lithospermum zollingeri* A. DC.
- **과 명** : 지치과
- **개화기** : 5~6월

▶ 생육특성

반디지치는 영호남 지방의 산이나 들, 건조한 풀밭 혹은 모래땅에서 자라는 다년생 초본이다. 생육환경은 햇볕이 잘 들어오는 곳이나 반음지의 토양이 비옥하거나 모래 혹은 황토가 많은 땅에서 자란다.

▶ 외형

키는 15~25㎝ 정도이고, 잎은 양면에 거센 털로 인해 껄끄러우며 마주나고 긴 타원형으로 길이는 2.5~6㎝, 폭은 1~2㎝이다. 원줄기에 퍼진 털이 있고 다른 부분에는 비스듬히 선 털이 있으며 꽃이 핀 후 옆으로 뻗는 가지가 자라서 뿌리를 내리고 다음 해에 싹이 돋는다.

▶ 꽃과 열매

꽃은 줄기 윗부분의 잎겨드랑이에서 벽자색으로 길이 0.5~0.6㎝ 정도로 1개씩 달리고, 꽃잎 중앙부에는 꽃잎보다 높게 돌출된 흰색 선이 있다. 열매는 흰색이며 7~8월경에 지름이 약 0.3㎝가량 되게 달린다.

▲ 반디지치_ 새순 올라오는 모습

▲ 반디지치_ 꽃봉오리

▲ 반디지치_ 꽃

▲ 반디지치_ 시든 모습

▲ 반디지치_ 종자 결실

▶관리법

산소 주변과 같이 나무나 그늘진 데가 없는 곳에 심는 것이 좋다. 햇빛이 많이 들어오는 곳에서 잘 자라는 식물이기 때문이다. 물 빠짐은 좋아야 하고 주변에 할미꽃과 같은 양지식물을 같이 심는 것도 좋다. 실내에서 키우기는 힘든 품종이다.

▶번식법

뿌리나누기나 종자 번식을 이용한다. 뿌리나누기는 이른 봄과 가을에 잎을 붙인 상태로 하는 것이 좋고 8월경에 받은 종자는 바로 뿌리는 것이 좋다. 저장 후 종자를 뿌리면 종자 발아율이 낮기 때문이다.

▶채취방법

종자가 완전히 익는 가을에 채취하여 햇볕에 말린다.

▶성분

rutin, caffeic acid, n-triacontane, ceryl alcohol, palmitic acid, oleic acid, linolenic acid, fumaric acid

▶약용부위 : 씨앗

당개지치

모래지치

⬤111 반하

- ■ 이 명 : 끼무릇
- ■ 생약명 : 반하(半夏)
- ■ 학 명 : *Pinellia ternate* (Thunb.) Breit.
- ■ 과 명 : 천남성과
- ■ 개화기 : 5~7월

전초 압화 ▶

▶ **생육특성**

반하는 우리나라 각처의 밭에서 나는 다년생 초본이다. 생육환경은 풀이 많고 물 빠짐이 좋은 반음지 혹은 양지에서 자란다.

▶ **외경**

키는 20~40cm이고, 잎은 작은잎은 3개이고 길이는 3~12cm, 폭은 1~5cm이며 가장자리는 밋밋한 긴 타원형이고, 잎몸은 길이가 10~20cm이고 밑부분 안쪽에 1개의 눈이 달리며 끝에 달릴 수도 있다. 뿌리는 땅속에 지름 1cm의 구근이 있고 1~2개의 잎이 나온다.

▶ **꽃과 열매**

꽃은 녹색이고 길이는 6~7cm이며 통부는 길이가 1.5~2cm이다. 꽃줄기 밑부분에 암꽃이 달린다. 윗부분에는 약 1cm 정도의 수꽃이 달린다. 수꽃은 대가 없는 꽃밥만으로 이루어지며 연한 황백색이다. 열매는 8~10월경에 맺는데 녹색이고 작다. 덩이줄기는 약용으로 사용한다.

▲ 반하_ 잎 올라오는 모습

▲ 반하_ 잎

▲ 반하_ 꽃대 올라오는 모습

▲ 반하_ 꽃(정면)

▲ 반하_ 꽃(측면)　　　　　　　　▲ 반하_ 종자 결실

관리 및 번식요령

▶**관리법** : 화분이나 화단에 심으면 좋다. 화분에 심을 때는 물 빠짐이 좋게 하기 위해 아래에 큰 돌을 넣고 그 위에 작은 돌들을 넣은 후 흙을 채우면 된다. 또한 화단에 심을 때는 물 빠짐이 좋은 곳을 택하고 퇴비를 조금 넣으며 화단의 앞줄에 심는다. 물은 2~3일 간격으로 준다.

▶**번식법** : 10월에 받은 종자를 바로 뿌리거나 종이에 싸서 냉장고에 보관 후 이듬해 봄에 뿌린다. 종자가 딱딱하기 때문에 물에 2~3일 정도 불린 후 뿌리면 발아율을 높일 수 있다. 가을에 잎이 없어진 후 뿌리를 꺼내어 옆에 작은 구근들이 붙어 있는 것을 떼어내 각각의 화분으로 옮겨심기하면 된다.

▶**채취방법** : 줄기가 시든 가을에 알뿌리를 채취하여 이물질을 제거한 후 얇은 껍질을 벗기고 햇볕에 말린다.

▶**성분** : 정유, 지방, 전분, 점액질, asparagin acid, glutamine, campesterol, nicotine, β-sitosterol, choline, daucosterol, pinellia lectin, pinellin

▶**식용법** : 유독성 식물이므로 주의해야 한다.

▶**약용부위** : 구근

112 배초향

- **이 명** : 방앗잎, 방아잎, 중개풀, 방애잎, 방아풀
- **생약명** : 곽향(藿香)
- **학 명** : *Agastache rugosa* (Fisch. & Mey.) Kuntze
- **과 명** : 꿀풀과
- **개화기** : 7~9월

전초 압화 ▶

▶ **생육특성**

배초향은 우리나라 전역의 산과 들에서 자라는 다년생 초본이다. 생육환경은 토양의 부엽질이 풍부하고 양지 혹은 반그늘에서 자란다.

▶ **외형**

키는 40~100cm이고, 잎은 길이가 5~10cm, 폭이 3~7cm로 끝이 뾰족하고 심장형이다.

▶ **꽃과 열매**

꽃은 길이는 5~15cm, 폭은 2cm로 자주색이고 가지 끝과 원줄기 끝에 우산 모양으로 달린다. 열매는 10~11월에 짙은 갈색으로 변한 씨방에 미세한 형태로 종자가 많이 들어 있다.

▲ 배초향_ 꽃

▲ 배초향_ 종자 결실

▲ 배초향_ 무리

▶관리법

양지바른 화단에 심어야 하고 잎이 많고 넓기 때문에 여름에는 하루 간격, 봄과 가을에는 2~3일 간격으로 물을 준다.

▶번식법

이른 봄에 포기나누기를 하고, 종자는 가을에 받아 이듬해 봄 화단에 뿌린다.

▶채취방법 : 여름에 꽃이 핀 상태에서 전초를 채취하여 그늘에서 말린다.

▶성분

acacetin, acetyl oleanolic aldehyde, agastachin, agastachoside, agastanol, agastaquinone, anethole, anisaldehyde, apigetin, β-Farnesene, (+)-β-pinene, β-sitosterol, (−)-calamenene, daucosterol, dehydroagastanol, delta-cadinone, estragole, (+)-gamma0cadinene, isoagastachoside, linalil, masliric acid, methyleugenol, oleanolic acid, p-cymene, rosmarinic, tilianin, estragole, p-methoxycinnamaldehyde, l-limonene, α-pinene

▶식용법

봄에 채취한 어린잎은 생으로나 끓는 물에 데쳐서 식용한다. 전초는 향이 강하게 나므로 말려서 차로 음용할 수 있다.

▶**약용부위** : 전초

ㅂ

백리향

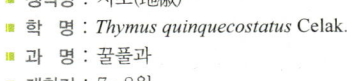

113 백리향

- 이　명 : 산백리향
- 생약명 : 지초(地椒)
- 학　명 : *Thymus quinquecostatus* Celak.
- 과　명 : 꿀풀과
- 개화기 : 7~8월

▶ 생육특성

백리향은 우리나라 각처의 높은 산에 자라는 낙엽활엽 소관목이다. 생육 환경은 햇볕이 잘 드는 바위 위에서 자란다.

▶ 외형

키는 3~15㎝가량이고, 잎은 난상의 타원형으로 길이는 0.5~1.2㎝, 폭은 0.3~0.8㎝이다. 잎 양면에 오목하게 들어간 선점이 있으며 잎 가장자리에는 거의 톱니가 없다.

◀ 전초 압화

▶ 꽃과 열매

꽃은 상층부에 촘촘히 달라붙어 있으며, 분홍색으로 길이는 0.7~0.9㎝가 량이다. 이 식물은 향이 매우 진하여 향료식물로도 많이 이용한다. 9~10 월경에 지름 0.1㎝ 정도의 아주 작은 열매들이 암갈색으로 익는다.

▲ 백리향_ 잎

▲ 백리향_ 꽃봉오리

▲ 백리향_ 꽃

▲ 백리향_ 꽃(흰색)

▲ 백리향_ 무리

관리 및 번식요령

▶ **관리법**

화분이나 화단에 심어 햇볕이 잘 드는 돌 틈이나 양지쪽에 놓는다. 공중습도를 높여주는 것이 중요한데 하루에 2~3번 정도 분무기로 물을 뿌려 습도를 유지해주고 물은 2~3일 간격으로 준다.

▶ **번식법**

봄에 _나온 새싹을 이용하여 화단에 삽목하거나, 가을이나 봄에 뿌리를 나누며, 9월에 결실되는 종자를 바로 화분에 뿌린다.

▶ **채취방법**

여름에 꽃봉오리와 꽃대가 나온 것을 채취하여 생으로 이용하거나, 이물질을 제거한 후 그늘진 곳에서 말려 이용한다.

▶ **성분**

thymol, scutellarein-heteroside, luteoline-7-glucoside, zingiberene, apigenin, carvacrol, p-cymene, γ-terpinene, α-terpineol, borneol, ursolic acid

▶ **식용법** : 어린잎과 꽃대가 함께 있는 잎을 건조하여 차로 먹기도 한다.

▶ **약용부위** : 꽃을 포함한 전초

114 백미꽃

- **이 명** : 아마존, 백미, 털백미, 털개백미
- **생약명** : 백전(白前), 노군수(老君須), 백미(白薇)
- **학 명** : *Cynanchum atratum* Bunge
- **과 명** : 박주가리과
- **개화기** : 5~7월

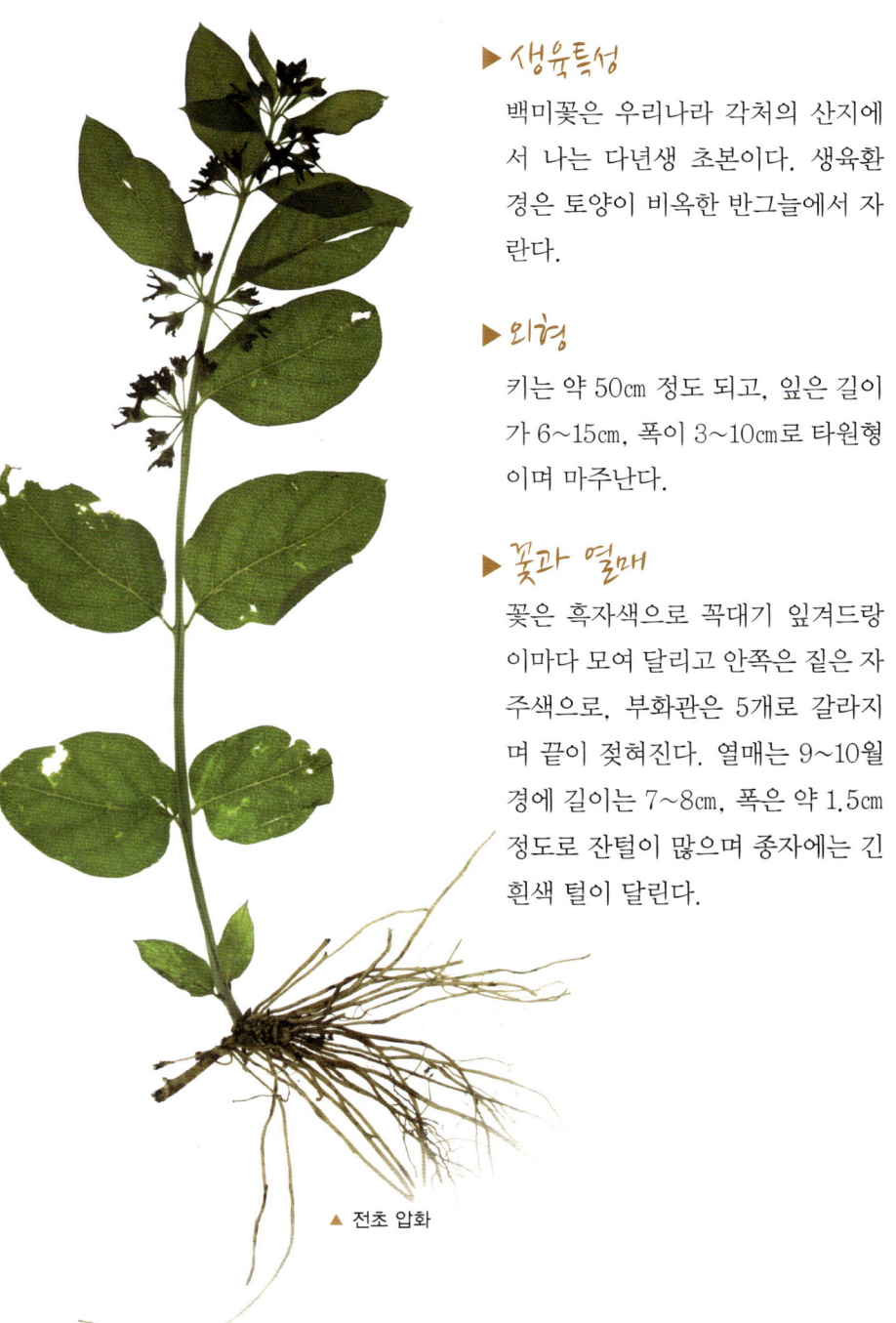

▲ 전초 압화

▶생육특성

백미꽃은 우리나라 각처의 산지에서 나는 다년생 초본이다. 생육환경은 토양이 비옥한 반그늘에서 자란다.

▶외형

키는 약 50㎝ 정도 되고, 잎은 길이가 6~15㎝, 폭이 3~10㎝로 타원형이며 마주난다.

▶꽃과 열매

꽃은 흑자색으로 꼭대기 잎겨드랑이마다 모여 달리고 안쪽은 짙은 자주색으로, 부화관은 5개로 갈라지며 끝이 젖혀진다. 열매는 9~10월경에 길이는 7~8㎝, 폭은 약 1.5㎝ 정도로 잔털이 많으며 종자에는 긴 흰색 털이 달린다.

▲ 백미꽃_ 꽃

▲ 백미꽃_ 전초

▶ 관리법

화단이나 화분에 심으면 좋다. 꽃이 다른 야생화들과 달리 강한 색을 띠고 있어 아름답고 키가 작아서 화분에도 어울린다. 물은 2~3일 간격으로 준다.

▶ 번식법

9월에 받은 종자를 바로 화분에 뿌리거나 종자를 종이에 싸서 냉장보관 후 이듬해 봄에 뿌린다. 포기나누기는 가을이나 이듬해 봄에 한다.

▶ 채취방법

이른 돋 새순이 올라오기 전과 줄기가 완전히 없어진 늦가을에 뿌리를 채취하여 지상부를 제거하고 깨끗이 씻어 햇볕에 말린다. 늦가을에 채취한 뿌리가 품질이 더 좋다.

▶ 성분

cynanchol, atratogenin A~B, atratoside A~D, cynajapogenin, d—cymarose, cynatratoside A~F, glaucogenin A, C, glucoside C, L—cymarose

▶ **약용부위** : 뿌리

민백미꽃

선백미꽃

115 백선

- 이 명 : 자래초, 검화
- 생약명 : 백선피(白鮮皮), 백양피(白羊皮)
- 학 명 : *Dictamnus dasycarpus* Turcz.
- 과 명 : 운향과
- 개화기 : 5~6월

▶ 생육특성

백선은 우리나라 각처의 산록에서 자라는 다년생 초본이다. 생육환경은 반그늘 혹은 햇볕이 잘 드는 습기가 많은 곳에서 잘 자란다.

▶ 외형

키는 60~80㎝가량이고, 잎은 깃꼴겹잎으로 타원형이며 가장자리에는 톱니가 있고 표면에 투명한 선점이 있다.

▶ 꽃과 열매

꽃은 흰색 바탕에 엷은 홍색의 줄무늬가 들어가 있으며 줄기 끝에서 달리고 꽃자루와 포에 강한 냄새를 내는 선점이 있다. 열매는 8월경에 갈색으로 된 껍질 안에 검고 광택이 나는 종자가 들어 있다.

야생화 가운데 좀 더 많은 연구를 한다면 충분히 절화식물로서 개발이 가능한 품종이라 할 만큼 꽃송이도 많이 피고 아름답다. 유심히 살펴보면 꽃 수술 안쪽이 작고 적은 돌기들로 이루어져 있어 이채롭다. 이는 다른 식물에서는 찾아보기 힘든 현상 가운데 하나이다.

▲ 백선_ 잎 전개되는 모습

▲ 백선_ 잎

▲ 백선_ 꽃봉오리

▲ 백선_ 꽃

▲ 백선_ 종자   ▲ 백선_ 종자 결실

관리 및 번식요령

▶관리법 : 화분이나 화단에 심는다. 키가 큰 식물이며 물을 좋아하는 습성을 가지고 있다. 봄에 물이 부족하면 잎이 아래로 처져 있는 모습이 관찰되는데 이때부터는 물의 양을 하루에 한 번 정도 흡족히 줘야 한다.

▶번식법 : 가을에 포기나누기를 하고 8월에 결실되는 종자는 그해 뿌리지 말고 다음 해 봄에 화단이나 화분에 뿌려야 한다. 종자 보관방법은 냉장보관이나 땅에 묻어놓는 노천매장법을 이용한다. 껍질에 있는 검은 물질이 종자 발아를 억제하기 때문에 이를 타파시키기 위함이다.

▶채취방법
여름과 가을에 뿌리를 캐서 수염뿌리와 거친 껍질을 제거하고 반드시 신선할 때 뿌리를 세로로 쪼개서 중앙부에 있는 목심(木心)을 제거하고 햇볕에 말린다.

▶성분

dictamnine, dictamnolactone, obaculactone, limonin, sitosterol, obacunonic acid, trigonelline, choline, fraxinellone, campesterol, skimmianin, ϒ-fagarin, doxycarpaine, psoralen, xanthotoxin, scopoletin, quercetin, isoquercetin, ϒ-fagarine, preskimmianine, skimmianine, dasycarpamin, limonindiosphenol, dictamdiol, rutaevin, dictamnol, O-ethylnordictamnine, O-ethylnor-ϒ-fagaline, O-ethylnorskimmianine, isomaculosidine, pregnenolone, obakunone, β-sitosterol

▶약용부위 : 뿌리

116 백작약

- 이 명 : 산작약
- 생약명 : 백작약(白芍藥)
- 학 명 : *Paeonia japonica* (Makino) Miyabe & Takeda
- 과 명 : 작약과
- 개화기 : 6월

▶ 생육특성

백작약은 우리나라 각처의 산지에서 나는 숙근성 다년생 초본으로 관화식물이다. 생육환경은 토양 비옥도가 높고 반그늘이며 물 빠짐이 좋은 곳에서 자란다.

▶ 외형

키는 40~50㎝이고, 잎은 길이 5~12㎝, 폭 3~7㎝로 앞면은 녹색이지만 뒷면은 흰빛이 돌며 3~4개가 어긋나게 달리고 긴 타원형이다.

▶ 꽃과 열매

꽃은 흰색이고 지름은 4~5㎝이며 원줄기 끝에 한 송이씩 달린다. 열매는 8월경에 길이 2~3㎝ 정도의 긴 타원형으로 달리고 종자는 흑색이다.

▲ 백작약_ 새순 올라오는 모습

▲ 백작약_ 전개되는 모습

▲ 백작약_ 꽃봉오리

▲ 백작약_ 개화 전

▲ 백작약_ 꽃

▲ 백작약_ 종자 결실

494

▶관리법

물 빠짐이 좋고 거름기가 많은 화분이나 화단에 심는다. 직접적인 빛을 받게 되면 잎 끝이 타는 현상이 생기기 때문에 주의해야 한다. 물은 2～3일 간격으로 준다.

▶번식법

8월에 얻은 종자를 바로 뿌리는 것이 가장 좋고 나머지 종자를 종이에 싸서 냉장 보관 후 이른 봄에 뿌린다. 가을에 뿌리를 캐어내 포기나누기를 한다.

▶채취방법

가을에 뿌리를 채취하여 수염뿌리를 제거하고 깨끗이 씻어 햇볕에 말린다.

▶성분

정유, 지방유, 수지, 당, 전분, 점액질, 단백질, paeoniflorin, oleanolic acid, tannin, hederagenin, 24-methylene-cycloartanol, oxypaeoniflorin

▶약용부위 : 뿌리

작약

⬤117 벌개미취

- 이 명 : 고려쑥부쟁이
- 학 명 : *Aster koraiensis* Nakai
- 과 명 : 국화과
- 개화기 : 6~10월

496

▲ 전초 압화

▶ 생육특성

벌개미취는 경기도 이남의 산이나 들에 자라는 다년생 초본이다. 생육환경은 햇볕이 잘 들고, 물기가 많은 곳에서 자란다.

▶ 외형

키는 50~60㎝이고, 잎은 앞으로 길게 나 있고 끝이 뾰족하다. 잎 길이는 12~19㎝, 폭은 1.5~3㎝가량이며 잎 가장자리에 작은 톱니가 있고 위쪽으로 올라가면서 잎이 작아진다.

▶ 꽃과 열매

상층부의 꽃은 연한 자주색과 연한 보라색이며 줄기나 가지의 끝에 한 개씩 달린다. 열매는 11월에 꽃이 시든 잎을 붙이고 결실되며 길이는 약 0.4㎝, 폭이 약 0.1㎝ 정도로 타원형이고 털이 없다.

ㅂ

▲ 벌개미취_ 새순 올라오는 모습

▲ 벌개미취_ 새순 전개되는 모습

▲ 벌개미취_ 꽃 피는 모습

▲ 벌개미취_ 종자 결실

▲ 벌개미취_ 꽃

· 관리 및 번식요령

▶ 채취방법 : 이른 봄 새순을 채취한다.

▶ 식용법 : 어린순을 나물로 먹는다.

· 유사 식물

개미취

118 벌깨덩굴

- 이 명 : 벌개덩굴
- 생약명 : 지마화(芝麻花), 미한화(美漢花)
- 학 명 : *Meehania urticifolia* (Miq.) Makino
- 과 명 : 꿀풀과
- 개화기 : 5월

▶ 생육특성

벌깨덩굴은 우리나라 각처의 산지에서 자라는 다년생 초본이다. 생육환경은 숲 속에 약간 습기가 있는 그늘진 곳에서 자란다.

▶ 외형

길이는 15~30㎝가량이며, 줄기는 사각형이다. 잎 길이는 2~5㎝, 폭은 2~3.5㎝이고, 신장형으로 약간 세모지며 가장자리에 둔한 톱니가 있다.

▶ 꽃과 열매

꽃은 보라색으로 4~8송이 정도가 윗부분과 줄기의 위쪽 잎 사이에서 커다란 입술 모양을 하며 한쪽으로 향하여 핀다. 열매는 7~8월경에 계란 모양으로 달린다.

꽃이 피어 있을 때는 위로 곧게 자라지만 꽃이 지고 종자가 결실되기 시작하면 덩굴처럼 다른 식물을 감고 있는데, 처음 모습과는 확연히 다른 모습으로 변하는 독특한 식물이다. 그래서 철 지난 후 자생지에 가면 원래의 모습은 없고 덩굴만 있어 다른 식물로 오인하는 경우가 종종 있다.

▲ 전초 압화

▲ 벌깨덩굴_ 잎

▲ 벌깨덩굴_ 꽃대

▲ 벌깨덩굴_ 꽃

▲ 벌깨덩굴_ 종자 결실

▲ 벌깨덩굴_ 무리

관리 및 번식요령

▶관리법

화분에 심을 때는 좌우에 철사 같은 것
을 놓아두면 꽃이 진 후 감고 올라가는
것을 볼 수 있다. 꽃이 피기 전에는 실내
에서 키우는 것이 가능하지만 꽃이 지
고 나면 외부로 내놓아야 덩굴처럼 잎
이 느오며 종자를 얻을 수 있다. 잎이
많기 때문에 여름까지 물이 많이 필요
하다.

▶번식법 : 이른 봄에 포기나누기를 한다.
또는 7~8월에 익는 종자를 바로 화분
에 뿌리거나 이듬해 봄에 뿌린다.

▶채취방법 : 이른 봄 어린순을 채취한다.

▶식용법 : 어린순은 나물로 먹고 꽃은 좋
은 밀원식물이다.

▶약용부위 : 전초

유사 식물

붉은벌깨덩굴

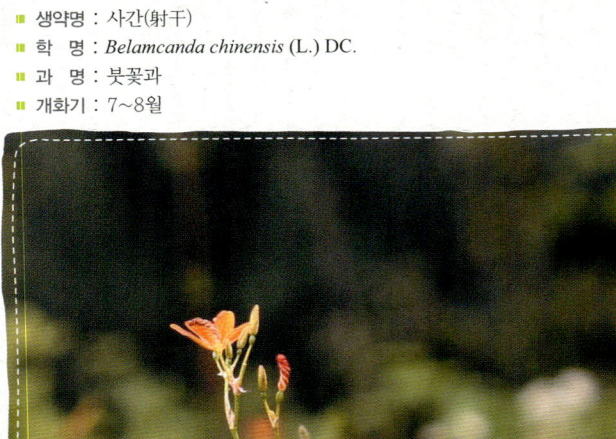

119 범부채

- 이 명 : 사간
- 생약명 : 사간(射干)
- 학 명 : *Belamcanda chinensis* (L.) DC.
- 과 명 : 붓꽃과
- 개화기 : 7~8월

전초 압화 ▶

▶ 생육특성

범부채는 중부 이남의 섬 지방과 해안을 중심으로 자라는 다년생 초본이다. 생육환경은 물 빠짐이 좋은 양지 혹은 반그늘의 풀숲에서 자란다.

▶ 외형

키는 50~100㎝이고, 잎은 녹색 바탕에 약간 분백색이 있으며 길이는 30~50㎝, 폭은 2~4㎝로 끝이 뾰족하고 부채살 모양으로 펴진다.

▶ 꽃과 열매

꽃은 황적색 바탕에 반점이 있으며 원줄기 끝과 가지 끝이 1~2회 갈라져 한 군데에 몇 개의 꽃이 달린다. 열매는 9~10월경에 달리고 타원형이며 길이는 3㎝ 정도이고 종자는 포도송이처럼 달리고 검은색 윤기가 난다.

▲ 범부채_ 새순 올라오는 모습

▲ 범부채_ 개화 직전

▲ 범부채_ 꽃

▲ 범부채_ 시든 모습

▲ 범부채_ 꽃 시든 후 모습

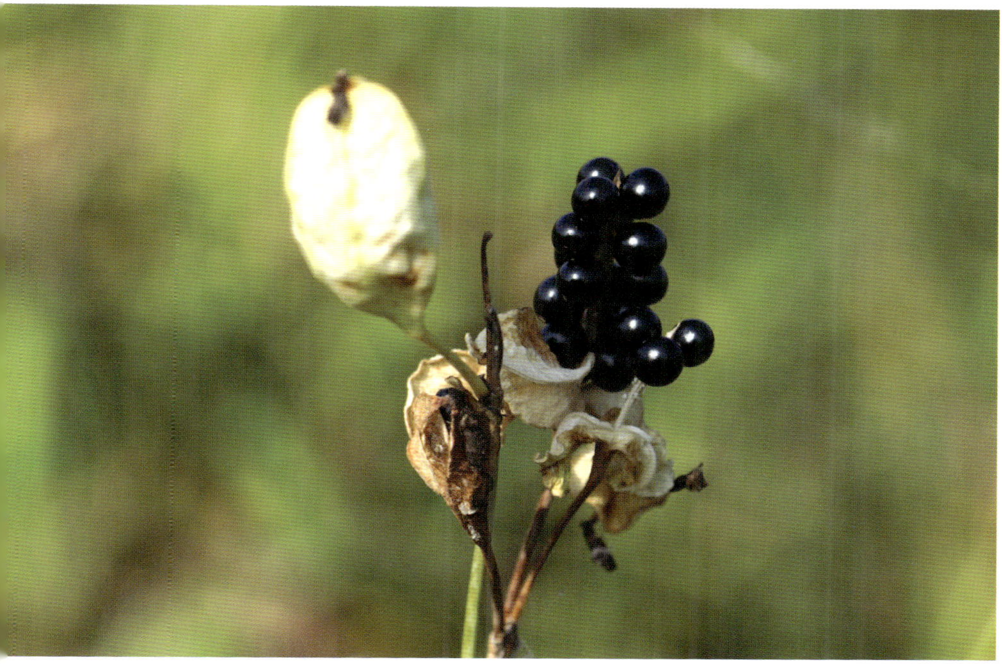

▲ 범부채_ 종자 결실

▶ **관리법**

반그늘이 진 화단이나 화분이면 어느 곳에서나 잘 자란다. 화분에 심어 재배할 때는 알뿌리를 깊게 넣고 물 빠짐이 좋게 해줘야 한다.

▶ **번식법**

늦가을이나 이른 봄에 옆에서 생긴 알뿌리를 분리한다. 종자 발아는 많은 시간이 걸리는데 10월경에 종자를 받아 2~3일 정도 물에 담그고 화분에 뿌리면 2월경 발아한다. 종자 발아율은 높다.

▶ **채취방법**

봄과 가을에 뿌리를 포함한 전초를 채취하여 줄기와 세근을 제거하고 반쯤 말려서 수염뿌리를 불에 태우고 다시 햇볕에 말린다.

▶ **성분**

belamcandin, iridin, tectoridin, tectorigenin, apocynine, belamcandal, belamcandaquinone A, belamcandaquinone B, belamcandol A~B, belamcandone A~D, belamcanidin, deacetylbelamcandal, dimetyltectorigenin, irigenin, irisflorentin, iristecorigenin A~B, isoiridogermanal, methyl iridolidone, muningin, sheganone, shegansu A, mangifrein

▶ **약용부위** : 뿌리를 포함한 전초

·유사 식물

도깨비부채

⬤120 별꽃

- 생약명 : 번루(繁縷)
- 학　명 : *Ste.laria media* (L.) Vill
- 과　명 : 석죽과
- 개화기 : 5~6월

ㅂ

▶ 생육특성

별꽃은 우리나라 각처의 밭이나 길가에서 나는 2년생 초본이다. 생육환경은 양지 혹은 반그늘 어디서나 잘 자란다.

▶ 외형

키는 10~20㎝이고, 잎은 길이가 1~2㎝, 폭은 0.8~1.5㎝로 양면에 털이 없고 하반부 가장자리에 털이 약간 있는 것도 있으며 난형이고 마주난다.

▶ 꽃과 열매

꽃은 흰색으로 작은꽃줄기는 길이가 0.5~4㎝로 한쪽에 털이 있으며 꽃이 핀 다음 밑으로 처졌다가 열매가 익으면 다시 위로 향한다. 열매는 8~9월경에 달린다.

▲ 별꽃_ 꽃봉오리와 꽃

▶관리법 : 어느 곳에서나 잘 자란다.

▶번식법 : 9월에 받은 종자를 보관 후 이듬해 봄 화단에 뿌린다.

▶채취방법

이른 봄에는 어린순을 채취하고, 여름에는 꽃이 핀 상태에서 채취하여 이물질을 제거하고 햇볕에 말린다.

▶성분

carbonic-anhydrase, phylloquinone, ascorbic acid, behnic acid, β-carotene, butane-1-4-dioic acid, calcium, calcium-oxide, carbohydrates, carboxylic acids, ceryl-cerotate, c-glycosyl-flavones, chlorine, chromium, cobalt, coumarins

▶식용법 : 어린순이나 잎은 생으로 먹거나 또는 끓는 물에 살짝 데쳐 먹는다.

▶약용부위 : 꽃을 포함한 전초

ㅂ

유사 식물

개별꽃

㉑ 병아리난초

- 이 명 : 바위난초, 병아리란
- 학 명 : *Amitostigma gracilis* (Blume) Schltr.
- 과 명 : 난초과
- 개화기 : 6~7월

▲ 전초 압화

▶생육특성

병아리난초는 우리나라 산지의 암벽에서 자라는 다년생 초본이다. 생육환경은 공중습도가 높으며 반그늘인 바위에서 자란다.

▶외형

키는 8~20cm이고, 잎 길이가 3~8cm, 폭이 1~2cm 정도 되고 긴 타원형으로 밑부분보다 약간 위에 1장 달린다.

▶꽃과 열매

꽃은 홍자색으로 길이는 1~4cm이며 한쪽으로 치우쳐서 달린다. 열매는 8~9월경에 타원형으로 달린다. 관상용으로 쓰인다.

ㅂ

▲ 병아리난초(흰색)_ 전초

▲ 병아리난초_ 새순 올라오는 모습

▲ 병아리난초_ 꽃

▲ 병아리난초(흰색)_ 꽃

▲ 병아리난초_ 종자 결실　　　　　　　▲ 병아리난초_ 전초

관리 및 번식요령

▶관리법

작은 난초 화분에 심는다. 물 빠짐이 좋게 해주고, 다른 난들과는 달리 퇴비를 많이 넣고 공중습도를 높여주어야 한다. 흙이 마르면 물을 약간 주고 분무기 등으로 공중에 하루 3~4회 정도 뿌려줘야 한다.

▶번식법

종자는 발아율이 너무 낮고 가을에 옆에 달린 어린 뿌리를 나누어 화분이나 화단에 심는다.

▶용도 : 관상용

유사 식물

구름병아리난초

보춘화

- 이 명 : 춘란, 보춘란
- 생약명 : 춘란(春蘭)
- 학 명 : *Cymbidium goeringii* (Rchb.f.) Rchb.f
- 과 명 : 난초과
- 개화기 : 3~4월

▶ 생육특성

보춘화는 남부와 중남부 해안의 삼림 내에서 자라는 다년생 초본이다. 생육환경은 자생하는 소나무가 많은 곳에서 집단적으로 자라며 최근에는 내륙에서도 자생지가 많이 관찰된다.

▲ 전초 압화

▶ 외형

꽃대 길이는 10~25㎝, 잎 길이는 20~50㎝ 정도이고, 잎은 끝이 뾰족하고 가장자리에 미세한 톱니가 있으며 가죽처럼 질기며 진녹색이 나고 길이는 20~50㎝, 폭은 0.6~1㎝로 뿌리에서 나온다.

▶ 꽃과 열매

꽃은 흰색 바탕에 짙은 홍자색 반점이 있으며 안쪽은 울퉁불퉁하고 중앙에 홈이 있으며 끝이 3개로 갈라진다. 꽃 길이는 3~3.5㎝가량 되고 연한 황록색이며 뿌리 하나에 꽃이 하나씩 달리는 1경 1화이다. 열매는 6~7월경에 길이 약 5㎝ 정도로 달리고 안에는 먼지와 같은 종자가 무수히 많이 들어 있다.

보춘화는 생육환경 및 조건에 따라 잎과 꽃의 변이가 많이 일어나는 품종이다.

▲ 보춘화_ 꽃

▲ 보춘화_ 종자 결실

관리 및 번식요령

▶ **관리법**

물 빠짐을 좋게 한 후 심는다. 일반적으로 집에서 키우는 난은 꽃이 잘 피지 않는다고들 한다. 이는 식물이 너무 잘 자라는 환경을 만들어주기 때문이다. 난과 식물들은 여름에 물을 많이 주지 않아도 뿌리에 물을 저장해 이를 천천히 소비한다. 따라서 여름에 물을 많이 주지 않으면 다음 해에 좋은 꽃을 피운다.

▶ **번식법**

뿌리나누기를 한다. 이른 봄이나 가을에 옆에 붙어 있는 벌브(bulb)를 분리하여 하는 방법이다. 종자는 잘 맺히지만 일반인들이 발아시키는 것은 매우 어렵다.

▶ **채취방법**

이른 봄이나 늦가을에 채취하여 이물질을 제거하고 햇볕에 말린다.

▶ **식용법**

꽃은 향이 좋아 차로 먹기도 하고 줄기는 식용한다.

▶ **약용부위** : 잎과 뿌리를 포함한 전초

유사 식물

복주머니란

타래난초

금난초

123 복수초

- 이 명 : 가지복수초, 가지복소초, 눈색이속, 복풀(중)
- 생약명 : 복수초(福壽草)
- 학 명 : *Adonis amurensis* Regel & Radde
- 과 명 : 미나리아재비과
- 개화기 : 4~5월

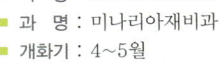

◀ 전초 압화

▶생육특성

복수초는 우리나라 각처의 숲 속에서 자라는 다년생 초본이다. 생육환경은 햇볕이 잘 드는 양지와 습기가 약간 있는 곳에서 자란다.

▶외형

키는 10~30cm이고, 잎은 3갈래로 갈라지며 끝이 둔하고 털이 없다. 꽃대가 올라와 꽃이 피면 꽃 뒤쪽으로 잎이 전개되기 시작한다.

▶꽃과 열매

꽃은 4~6cm이고 줄기 끝에 한 송이가 달리고 노란색이다. 열매는 6~7월경에 별사탕처럼 울퉁불퉁하게 달린다. 우리나라에는 최근 3종류가 보고되고 있는데 제주도에서 자라는 '세복수초'와 개복수초 및 복수초가 보고되었다. 여름이 되면 하고현상(고온이 되면 고사하는 현상)이 일어나 지상부에서 없어지는 품종이다.

▲ 복수초_ 잎

▲ 복수초_ 꽃봉오리

▲ 복수초_ 꽃

▲ 복수초_ 종자 결실

▶ **관리법**

화분이나 화단에 심는다. 양지바른 곳에 물 빠짐이 좋게 해야 한다. 화분에 심은 꽃은 그해에는 꽃이 탐스럽게 피지만 다음 해부터는 꽃이 작게 핀다. 이는 생육과 무관하지 않기 때문에 추가로 퇴비를 줘야 한다. 물은 자주 주지 않아도 좋지만 유기질이 많은 흙에 심는 것이 좋다.

▶ **번식법** : 6~7월에 결실되는 종자를 화분에 바로 뿌리거나 가을에 포기를 나눈다.

▶ **채취방법** : 꽃이 핀 상태에서 뿌리를 포함한 전초를 채집하여 이물질을 제거하고 햇볕에 말린다.

▶ **성분**

cymarin, cymarol, corchoroside A, convallatoxin, lineolone, isolineolone, adorilide, nicotinoylisoramanone, fukujusone, fukujusonorone, umbelliferone, scopoletin, isoramanone, digitoxigenin, pergularin, strophanthidin, benzoyl-lineolone

▶ **약용부위** : 꽃을 포함한 전초

ㅂ

유사 식물

세복수초

124 부처꽃

- 이 명 : 두렁꽃
- 생약명 : 천굴채(千屈菜)
- 학 명 : *Lythrum anceps* (Koehne) Makino
- 과 명 : 부처꽃과
- 개화기 : 7~8월

▶ 전초 압화

▶ 생육특성

부처꽃은 우리나라 각처의 산과 들의 습지에서 나는 다년생 초본이다. 생육환경은 양지 혹은 반음지의 습기가 많은 곳에서 자란다.

▶ 외형

키는 약 1m 정도 되고, 잎은 길이가 3~4㎝, 폭은 1㎝ 내외로 끝이 뾰족하며 마주난다.

▶ 꽃과 열매

꽃은 자홍색으로 정상부 잎겨드랑이에서 3~5개 정도가 달리며 줄기를 따라 올라가며 핀다. 열매는 9월경에 긴 타원형으로 달린다.

▲ 부처꽃_ 잎

▲ 부처꽃_ 꽃

▲ 부처꽃_ 종자 결실

▲ 부처꽃_ 무리

관리 및 번식요령

▶관리법

화단에 심는 것이 좋다. 키가 크며 양지나 반그늘의 물기가 많거나 적은 곳 어디에
서나 잘 자란다. 하지만 물기가 많은 곳에 두는 것이 좋고 마른 땅에 심었을 경우
물은 1~2일 간격으로 준다.

▶번식법 : 9월에 얻은 종자를 바로 뿌리거나 종이에 싸서 냉장보관 후 이듬해 봄
에 뿌린다. 이른 봄 새싹이 올라올 때 뿌리를 캐서 여러 개로 포기나누기를 한다.

▶채취방법 : 꽃이 핀 상태나 시들어 종자가 결실되었을 때 전초를 채취하여 이물질
을 제거하고 햇볕에 말린다.

▶성분 : vitexin, orientin, malvin, cyanidin-3-monogalactoside, ellagic acid,
chlorocenic acid, salicarin, tannin

▶약용부위 : 전초

유사 식물

털부처꽃

⑫⑤ 부처손

- 이 명 : 바위손
- 생약명 : 권백(卷柏)
- 학 명 : *Selaginella tamariscina* (P. Beauv.) Spring
- 과 명 : 부처손과

▶생육특성

부처손은 제주도와 울릉도, 남부, 중부, 북부지방의 돌 틈에서 자라는
상록 다년생 초본이다.

▲ 전초 압화

▶외형

키는 약 20㎝ 정도이고, 잎은 길
이가 0.15~0.2㎝로 끝이 실 같
은 돌기로 되고 4줄로 빽빽하게
있으며 난형이다. 가지는 평면으
로 갈라져 퍼지고 표면은 짙은 녹
색이며 뒷면은 흰빛이 도는 녹색
이다. 습기가 많은 때는 가지가
사방으로 퍼지고 건조할 때는 안
으로 말려서 공처럼 되며 습기가
있으면 다시 퍼진다. 포자는 길
이가 0.5~1.5㎝, 지름이 0.2㎝
로 잔가지 끝에 1개씩 달리며 네
모지다.

▲ 부처손_ 잎 올라오는 모습

▲ 부처손_ 잎 확대한 모습

▲ 부처손_ 무리

▲ 부처손_ 무리

관리 및 번식요령

▶ **관리법**

화분이나 화단에 심어 물이 마르면 잎이 오므라들고 물이 풍부하면 잎을 펼치기 때문에 물 주는 시기를 가늠하기 좋은 식물이다. 화분에 돌을 올려놓고 그 위에 흙과 같이 심어도 좋다.

▶ **번식법**

가을이나 이듬해 봄에 포기나누기를 한다.

▶ **채취방법**

봄과 가을에 뿌리를 제거한 전초를 채집하여 이물질을 제거하고 그늘에서 말린다.

▶ **성분** : flavonoid, amino acid, tannin, flavone, phenols, trehalose

▶ **약용부위** : 전초

126 분취

- 이 명 : 서울분취
- 학 명 : *Saussurea seoulensis* Nakai
- 과 명 : 국화과
- 개화기 : 7~10월

▶생육특성

분취는 서울, 경기, 충북의 산지에서 나는 다년생 초본이다. 생육환경은 습기가 많은 반그늘 혹은 양지의 토양이 비옥한 곳에서 자란다.

▶외형

키는 20~80㎝이고, 잎은 길이가 6~11㎝로 표면에 꼬불꼬불한 털과 거미줄 같은 털이 빽빽이 있고 뒷면에는 거미줄 같은 흰색 털이 있으며 가장자리에 뾰족한 톱니가 있다.

▶꽃과 열매

꽃은 자주색으로 지름이 약 3㎝로 원줄기나 가지 끝에 달린다. 열매는 10~11월경에 원통형으로 달린다. 어린잎은 식용으로 이용된다.

▲ 분취_ 잎 올라오는 모습

▲ 분취_ 잎 뒷면

▲ 분취_ 꽃봉오리

▲ 분취_ 꽃

▲ 분취_ 종자 결실

관리 및 번식요령

▶ **관리법** : 습기가 많은 화단의 가장자리에 심는다. 물은 2~3일 간격으로 준다.

▶ **번식법** : 11월에 얻은 종자를 종이에 싸서 냉장보관 후 이듬해 봄에 뿌리거나 이른 봄 새순이 올라올 때 포기나누기를 한다.

▶ **식용법** : 어린순은 나물로 먹는다.

유사 식물

가야산은분취

두메분취

톱분취

127 붉은참바디

- 이 명 : 붉은참바디, 붉은참반디
- 학 명 : *Sanicula rubriflora* F. Schmidt ex Maxim.
- 과 명 : 산형과
- 개화기 : 5~6월

▲ 전초 압화

▶생육특성

붉은참반디는 우리나라 각처의 산지 깊은 숲에서 자라는 다년생 초본이다. 생육환경은 주변 습기가 많거나 물이 많이 고이지 않는 곳의 부엽질이 풍부한 곳에서 자란다.

▶외형

키는 20~50㎝ 정도이고, 뿌리에서 나온 잎은 둥근 신장형으로 양쪽이 잘게 갈라지고 다시 2개로 갈라지며 지름은 6~20㎝이고, 줄기에서 나온 잎은 2개가 어긋나고 다시 3갈래로 갈라진다.

▶꽃과 열매

꽃은 줄기 끝에서 흑자색으로 촘촘히 달리고, 수꽃은 15개 정도이며 길이 약 0.2㎝로 꽃받침보다 1~2배 길다. 수술과 암술이 같이 있는 꽃은 4~7개 있고 수정한 뒤 씨로 되는 부분에는 갈고리 털이 있다. 열매는 6~7월경에 길이 약 0.2㎝ 정도 되는 가시가 비스듬히 달린다.

▲ 붉은참반디_ 새순 올라오는 모습 　　　　　　▲ 붉은참반디_ 잎

▲ 붉은참반디_ 꽃봉오리

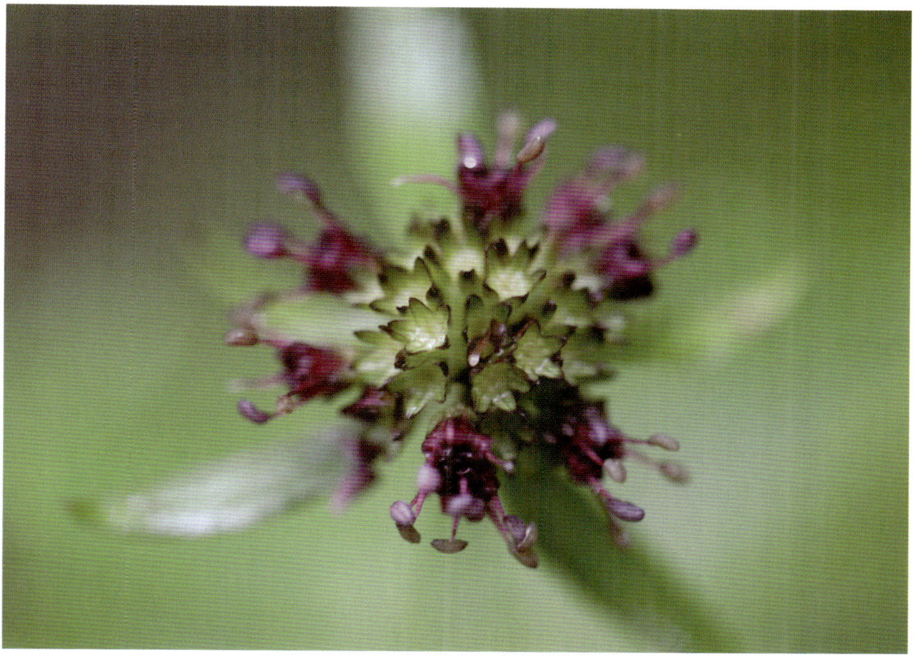

▲ 붉은참반디_ 꽃

ㅂ

관리 및 번식요령

▶관리법

물기가 많은 곳에 심는다. 키우기 쉽지 않은 품종이다.

▶번식법

7월경에 받은 종자를 냉장고에 보관 후 9월에 뿌린다. 종자를 오래 보관해 뿌려본 결과, 거의 발아하지 않았기 때문이다.

▶식용법

어린순은 식용한다.

유사 식물

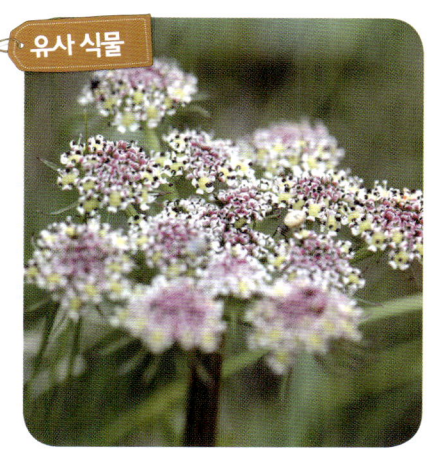

부전반디

128 붓꽃

- 생약명 : 연미(鳶尾)
- 학 명 : *Iris nertschinskia* Lodd.
- 과 명 : 붓꽃과
- 개화기 : 5~6월

▲ 전초 압화

▶생육특성

붓꽃은 각처의 산과 들에 자라는 다년생 초본이다. 생육환경은 양지바른 곳의 습기가 많은 곳이나 메마른 땅에서 자란다.

▶외형

키는 30~60㎝이고, 잎 길이는 30~50㎝, 폭이 0.5~1㎝로 줄기에 2줄로 붙어 올라간다.

▶꽃과 열매

꽃은 자주색으로 밖으로 나가 있는 꽃잎은 안쪽에 노란색과 검은 자색의 선이 있고 꽃줄기 끝에 2~3개 정도 달린다. 열매는 8~9월경에 결실되고 갈색으로 길이는 3~4㎝이며, 끝이 갈라지면서 검고 광채가 나는 종자가 많이 들어 있다.

ㅂ

▲ 붓꽃_ 피기 전(붓을 닮은 모양)

▲ 붓꽃_ 측면

▲ 붓꽃_ 정면

▲ 붓꽃_ 시드는 모습

▲ 붓꽃_ 종자 결실   ▲ 붓꽃_ 흰색

관리 및 번식요령

▶ **관리법**

화단에 심고 물은 자주 주지 않아도 좋으며, 햇살이 잘 드는 곳에 두어야 한다.

▶ **번식법**

9월경에 받은 종자는 냉장보관하거나 일반적인 방법으로 보관해도 무방하다. 종자를 파종하기 전에 반드시 물에 2~3일간 담가둬야 하는데 이는 종자 껍질이 두터워 수분 흡수가 잘 되지 않기 때문이다. 뿌리나누기는 봄이나 가을에 한다.

▶ **채취방·법**

지상부의 줄기가 시든 가을에 뿌리를 채취하여 이물질을 제거하고 햇볕에 말린다.

▶ **약용부위** : 뿌리

⑫⑨ 비비추

- 생약명 : 자옥잠(紫玉簪)
- 학 명 : *Hosta longipes* (Franch. & Sav.) Matsum.
- 과 명 : 백합과
- 개화기 : 7~8월

▲ 전초 압화

▶ 생육특성

비비추는 우리나라 중부 이남의 산
골짜기에 자라는 다년생 초본이다.
생육환경은 반그늘이나 햇볕이 잘
드는 약간 습한 지역에서 자란다.

▶ 외형

키는 약 35㎝ 내외이며, 잎은 심장
형 혹은 넓은 타원형으로 암자색의
가는 점이 많이 있다. 잎은 암녹색을
띠며, 길이는 5~15㎝가량이다.

▶ 꽃과 열매

꽃은 얇은 막질을 한 포에 싸여 줄기
를 따라 종 모양으로 피며 연한 보라
색이다. 열매는 9~10월경에 긴 타
원형으로 달리고 안에는 검은색으로
얇은 막을 가진 종자가 들어 있다.

ㅂ

▲ 비비추_ 꽃봉오리

▲ 비비추_ 꽃(정면)

▲ 비비추_ 꽃(측면)

▲ 비비추(흰색)_ 전초

·관리 및 번식요령

▶**관리법**

화분이나 화단에 심고 공중습도가 높고 토양을 비옥하게 해준 다음 물 빠짐이 좋
게 만들어야 한다. 햇빛이 많이 들어오는 곳에 심으면 잎 끝이 타는 현상이 발생
한다. 물은 1~2일 간격으로 준다. 반그늘에서 자라는 식물이어서 베란다에 길러
도 좋다.

▶**번식법**

가을이나 봄에 포기나누기를 하고 9월에 검게 결실되는 종자는 검은 막을 손으로
비벼 약간 제거시킨 후 가을이나 이른 봄 화분이나 화단에 뿌린다. 종자를 묘로 키
운 것은 꽃이 피기까지 약 3~4년이 걸린다.

▶**채취방법** : 꽃이 핀 상태에서 꽃과 전초를 채취하여 이물질을 제거한 다음 햇볕
에 말린다.

▶**성분** : saponin

▶**식용법** : 이른 봄 나온 어린순을 따서 나물로 먹는다. 독성이 있어 어린순을 손으
로 비비고 거품을 내어 물에 2~3일 정도 우린 후 먹는다.

▶**약용부위** : 꽃을 포함한 전초

·유사 식물

일월비비추(흰색)   일월비비추

⑬⓪ 비수리

- 생약명 : 야관문(夜關門)
- 학 명 : *Lespedeza cuneata* G.Don
- 과 명 : 콩과
- 개화기 : 8~9월

◀ 전초 압화

▶생육특성

비수리는 전국 각처의 산과 들에서 자라는 다년생 초본 혹은 초본성 아관목이다. 생육환경은 햇볕이 잘 드는 곳이면 어디든지 자란다.

▶외형

키는 약 1m이고, 잎은 어긋나고 잎 표면에는 털이 없으며 뒷면에 잔털이 있고 길이는 1~2㎝, 폭은 0.2~0.4㎝이다. 줄기는 가늘게 위로 올라가며 잔털이 많이 있다.

▶꽃과 열매

꽃은 잎보다 짧게 잎몸에 붙어 흰색으로 핀다. 열매는 암갈색으로 10월에 달리고 안에는 황록색 바탕에 적색 반점이 있는 1개의 씨가 들어 있다.

ㅂ

▲ 비수리_ 새순 올라오는 모습

▲ 비수리_ 꽃봉오리

관리 및 번식요령

▶관리법
토양에 부엽질이 많고 햇볕이 잘 드는 곳에 집단적으로 심는다. 물은 2~3일 간격으로 준다.

▶번식법
10월에 달리는 종자를 종이에 싸서 냉장보관 후 이듬해 봄에 뿌린다.

▶채취방법
꽃이 만개했을 때 전초를 채취하여 이물질을 제거하고 생으로 이용하거나 햇볕에 말려 사용한다.

▶성분
pinitol, quercetin, kaempferol, vitexin, orientin, tannin, β-sitosterol

▶식용법
마른 잎과 줄기를 차로 마시거나 술을 넣어 약 1년이 지나면 먹는다.

▶**약용부위** : 뿌리를 포함한 전초

유사 식물

땅비싸리

131 뻐꾹나리

- 학 명 : *Tricyrtia macropoda* Miquel.
- 과 명 : 백합과
- 개화기 : 7~8월

▶ 생육특성

뻐꾹나리는 우리나라 중부 이남의 산지 숲에서 자라는 다년생 초본이다. 생육 환경은 과습하지 않을 만큼의 습기가 있는 반그늘에서 자란다.

▶ 외형

키는 50~80cm이고, 잎은 길이가 5~15cm, 폭이 2~7cm이고 긴 타원형으로 끝이 뾰족하다.

▶ 꽃과 열매

꽃은 흰색에 자주색 반점이 있으며 줄기나 잎 사이에서 달리고 위에는 수술과 암술이 나와 있으며 아래를 향해 핀다. 열매는 10~11월경에 달리고 삼각형 모양으로 뾰족하게 생긴 씨방에는 작은 종자가 많이 들어 있다.

▲ 뻐꾹나리_ 잎 전개된 모습

▲ 뻐꾹나리_ 새순 올라오는 모습

▲ 뻐꾹나리_ 꽃

▲ 뻐꾹나리_ 시드는 모습

▲ 뻐꾹나리_ 종자 결실

554

관리 및 번식요령

▶관리법

화분이나 화단에 심어 반그늘에서 키워야 한다. 햇빛을 많이 받으면 잎이 타고 꽃이 잘 피지 않기 때문이다. 물은 2~3일 간격으로 주면 좋고, 잎이 완전히 마르는 가을이나 겨울에는 4~5일에 한 번씩 준다. 실내에서 키우면 키가 너무 커지기 때문에 꽃이 예쁘지 않고 가지가 많이 휘어지는 현상이 발생한다.

▶번식법

이른 봄에 포기나누기와 9월에 결실되는 종자를 바로 화분이나 화단에 뿌리면 좋다. 종자 발아율은 높기 때문에 한 개체에서도 많은 양을 얻을 수 있다.

▶채취방법 : 이른 봄에 어린순을 채취한다.

▶식용법 : 어린순을 나물로 먹는다.

유사 식물

뻐꾹채

132 사위질빵

- 이 명 : 질빵풀
- 생약명 : 여위(女萎)
- 학 명 : *Clematis apiifolia* DC.
- 과 명 : 미나리아재비과
- 개화기 : 7~9월

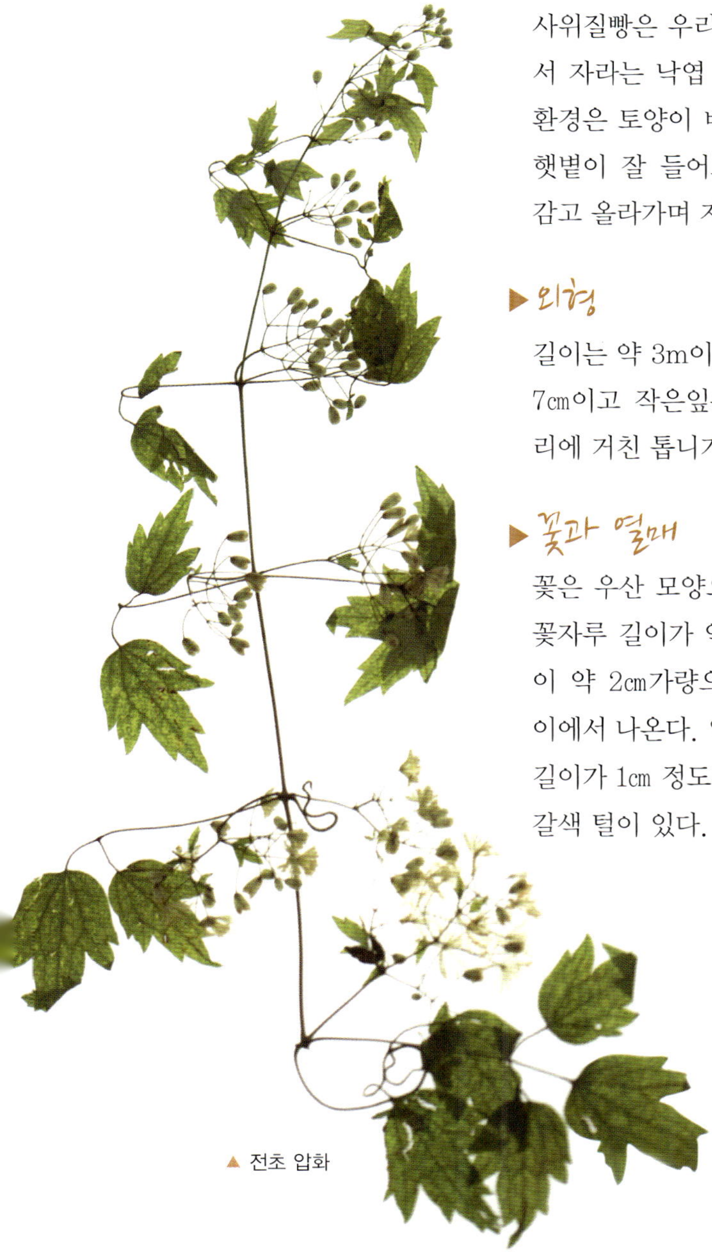

▶ 생육특성

사위질빵은 우리나라 각처의 산록에서 자라는 낙엽 덩굴식물이다. 생육 환경은 토양이 비옥하고 반그늘이나 햇볕이 잘 들어오는 곳에서 나무를 감고 올라가며 자란다.

▶ 외형

길이는 약 3m이고, 잎의 길이는 4~7cm이고 작은잎은 난형이며 가장자리에 거친 톱니가 있다.

▶ 꽃과 열매

꽃은 우산 모양으로 펼쳐지듯 피고, 꽃자루 길이가 약 5~12cm이고 지름이 약 2cm가량으로 흰색이며 잎 사이에서 나온다. 열매는 9월에 달리고 길이가 1cm 정도이며 흰색 또는 연한 갈색 털이 있다.

▲ 전초 압화

▲ 사위질빵_ 잎

▲ 사위질빵_ 꽃

관리 및 번식요령

▶**관리법**

햇볕이 잘 드는 화단이면 좋다. 덩굴성 식물이기 때문에 감고 올라갈 수 있는 것을 만들어줘야 한다. 물은 꽃이 피기 전에는 잎이 많아 1~2일 간격으로 주고 잎이 떨어지는 가을에는 4~5일 간격으로 주면 된다.

▶**번식법**

이른 봄이나 가을에 줄기를 화분에 삽목하거나 9~10월에 익은 종자를 바로 화분이나 화단에 뿌리거나 냉장보관한 후 이른 봄에 뿌린다.

▶**채취방법**

이른 봄에는 어린순을 채취하고, 종자가 맺힌 가을에는 줄기를 채취하여 껍질을 벗기그 햇볕에 말린다.

▶**성분** : 유기산, quercetin, sterol, alkaloid

▶**식용법**

유독 성분이 들어 있어 어린잎은 끓는 물에 넣어 우려 독성을 제거한 후 먹는다.

▶**약용부위** : 종자를 포함한 전초

133 산골무꽃

- 이 명 : 각씨골무꽃, 광릉골무꽃, 그늘골무꽃
- 학 명 : *Scutellaria pekinensis* var. *transitra* (Makino) Hara
- 과 명 : 꿀풀과
- 개화기 : 5~6월

◀ 전초 압화

▶생육특성

산골무꽃은 우리나라 각처의 산지 숲 속에서 자라는 다년생 초본이다. 생
육환경은 토양의 유기질 함량이 높고 볕이 잘 드는 양지 혹은 반양지에
서 잘 자란다.

▶ **외경**

키는 15~30cm가량 되고, 잎은 양면에 털이 있고 가장자리에 톱니가 있으며 길이는 2~4cm, 폭은 1.5~2.5cm로 어긋난다.

▶ **꽃과 열매**

꽃은 줄기 윗부분에 1개씩 달려 모두 한쪽 방향을 향하며 꽃차례 길이는 3~6cm이고 입술 모양으로 끝이 갈라지고 윗입술 모양은 아랫입술 모양 길이의 1/2가량이며 아랫입술은 세 갈래로 갈라지고 연한 자주색으로 달린다. 열매는 7~8월경에 둥근 통과 같은 곳 안에 종자가 들어 있다.

▲ 산골무꽃_ 잎

▲ 산골무꽃_ 종자 결실

관리 및 번식요령

▶**관리법**

화분에 심을 때는 퇴비를 많이 넣고 배수가 잘 되게 심는 것이 좋다. 공기가 잘 통하는 곳에 두고 꽃이 지면 화분을 화단이나 햇볕이 많이 들어오는 곳에 둔다.

▶**번식법**

종자가 익은 9월경에 받아 화분이나 화단에 바로 뿌리거나 남은 종자를 종이에 싸서 냉장보관하여 이듬해 봄에 뿌리면 된다.

▶**식용법** : 어린순과 뿌리를 포함한 전초를 먹는다.

134 산괭이눈

- 이 명 : 괭이눈
- 생약명 : 금전고엽초(金錢苦葉草)
- 학 명 : *Chrysosplenium japonicum* (Maxim.) Makino
- 과 명 : 범의귀과
- 개화기 : 4~5월

◀ 전초 압화

▶생육특성

산괭이눈은 우리나라 중북부 이북에서 자라는 다년생 초본이다. 생육환경은 주로 응달이나, 고목 주변에서 자란다.

▶외경

키는 약 10~15㎝ 정도이며, 잎의 길이는 0.5~2㎝, 폭은 0.8~2.5㎝이고 둥근 모양을 한 심장형이다.

▶꽃과 열매

꽃은 지름이 약 1~2㎝ 내외이고, 연한 녹색에 가운데는 노란색으로 상단부에서만 꽃이 뭉쳐 달린다. 꽃이 필 때 주변의 녹색 잎들은 매개충을 모으기 위해 꽃처럼 노란색으로 변하고 종자가 맺히면 다시 녹색으로 돌아온다. 열매는 6~7월경에 달리고 넓은 난형이다. 잎 주변의 줄기에는 잔털이 나 있다. 다른 괭이눈 종류들이 대부분 개울이나 습지에서 자라는 반면 산괭이눈은 약간 마른 땅에서 자라는 특성을 가지고 있다.

▲ 산괭이눈_ 새순 올라온 모습

▲ 산괭이눈_ 잎

▲ 산괭이눈_ 꽃봉오리

▲ 산괭이눈_ 꽃

▲ 산괭이눈_ 무리

관리 및 번식요령

▶관리법
토양을 기름지게 해주고 햇살이 많이 들어오는 화단에 심어야 한다.

▶번식법
6~7월경에 익는 종자를 종이에 싸서 냉장보관하였다가 가을에 실내에 있는 화분
에 뿌리거나, 가을과 이른 봄에 포기를 나누어 화분에 옮겨심기한다.

▶채취방법 : 이른 봄 전초를 채취하여 이물질을 제거한 신선한 것을 사용한다.

▶성분 : flavonoid 배당체, chrysograyanin, chrysosplenol−C

▶식용법 : 어린순은 나물로 먹는다.

▶약용부위 : 전초

135 산국

- 이　명 : 감국, 개국화, 나는개국화, 들국
- 생약명 : 산국(山菊), 야국(野菊)
- 학　명 : *Dendranthema boreale* (Makino) Ling ex Kitam.
- 과　명 : 국화과
- 개화기 : 9~10월

▶생육특성

산국은 우리나라 각처의 산지에서 자라는 다년생 초본이다. 생육환경은 토양에 부엽질이 많고 햇볕이 들어오는 반그늘에서 자란다.

▶외형

키는 1~1.5m이고, 잎은 난형으로 감국의 잎보다 깊이 갈라지며 날카로운 톱니가 있으며 길이는 5~7㎝이다.

▶꽃과 열매

꽃은 줄기 끝에서 노란색으로 달리고 지름이 약 1.5㎝ 정도 된다. 열매는 11~12월경에 달린다.

◀ 전초 압화

▲ 산국_ 새순 올라오는 모습

▲ 산국_ 잎

▲ 산국_ 꽃봉오리

▲ 산국_ 꽃

▶관리법

물 빠짐이 좋고 토양이 기름진 화단에 심는다. 집 안에서 키울 경우 진딧물과 같은 유해충이 많이 붙어 다른 식물에 피해를 주기 때문에 가급적 피하는 것이 좋다. 물은 2~3일 간격으로 준다.

▶번식법

이른 봄 새싹이 올라오기 전에 뿌리를 캐서 뿌리가 붙어 있는 부분을 분리시키거나 5~6월경에 줄기에 잎을 붙여 삽목을 한다. 종자는 12월경에 받아 종이에 싸서 냉장보관을 한 후 이듬해 봄 화단에 뿌린다.

▶채취방법

이른 봄에 어린순을 채취하고, 가을에 꽃을 포함한 전초와 꽃을 따로 채취하여 이물질을 제거하고 햇볕에 말린다.

▶성분

acaciin, artemisia−trans−spiroketalenoether polyne, dehydromatricaria, parthenoline, ponticaepoxide, tanacetin, trideca−1, 3, 5−triene−7, 9, 11−triyne

▶식용법 : 어린잎을 나물로 먹고, 꽃은 독성을 제거하고 차로 먹는다.

▶약용부위 : 꽃을 포함한 전초

감국

⑬⑥ 산꿩의다리

- 이 명 : 개산꿩의다리, 개삼지구엽초, 산가락풀
- 학 명 : *Thalictrum filamentosum* var. *tenerum* (Huth) Ohwi
- 과 명 : 미나리아재비과
- 개화기 : 6~7월

▲ 전초 압화

▶생육특성

산꿩의다리는 우리나라 각처의 산지에서 자라는 다년생 초본이다. 생육환경은 반그늘이나 햇볕이 잘 드는 풀숲에서 자란다.

▶외형

키는 약 50㎝가량이고, 잎은 난상으로 9장의 작은잎으로 되어 있다. 잎 뒷면은 분백색이고 가장자리에 치아 모양의 거칠고 둔한 톱니가 있다.

▶꽃과 열매

꽃은 원줄기 윗부분에 펼쳐지듯 피고 꽃잎이 없으며 흰색이다. 열매는 9~10월경에 익으며 작다. 관상용으로 쓰이며 뿌리는 약용으로 사용한다.

ㅅ

▲ 산꿩의다리_ 꽃봉오리

▲ 산꿩의다리_ 꽃(정면)

▲ 산꿩의다리_ 꽃(측면)

▲ 산꿩의다리_ 종자 결실

▲ 산꿩의다리_ 무리

관리 및 번식요령

▶ **관리법** : 화단이나 정원의 낙엽수가 많은 곳에 심어 관리하는 것이 좋다. 이른 봄에는 햇볕을 많이 받고 꽃이 필 무렵이면 반그늘이 지기 때문이다. 물 빠짐이 좋은 곳을 골라 심는 것도 포인트이다.

▶ **번식법** : 이른 봄에 포기나누기를 나누고 10월에 결실되는 종자를 보관한 후 이른 봄에 화분에 뿌린다.

▶ **채취방법** : 지상부가 시든 후 뿌리를 채취하여 이물질을 제거한 후 햇볕에 말린다.

▶ **약용브위** : 뿌리

유사 식물

연잎꿩의다리

자주꿩의다리

137 산딸나무

- **이 명** : 들메나무, 애기산딸나무, 준딸나무, 미영꽃나무, 박달나무, 쇠박달나무, 소리딸나무, 굳은산딸나무
- **생약명** : 사조화(四照花)
- **학 명** : *Cornus kousa* F. Buerger ex Miquel
- **과 명** : 층층나무과
- **개화기** : 6~7월

전초 압화 ▶

▶생육특성

산딸나무는 황해도 이남의 산지 수림 속에 자라는 낙엽활엽 교목이다. 생육
환경은 햇볕이 잘 들어오고, 토양의 부엽질이 많은 곳에서 자란다.

▶외형

키는 7~12m이고, 잎은 난형 또는 둥근 모양으로 가장자리는 물결 모양의
굴곡으로 되어 있다.

▶꽃과 열매

꽃은 꽃자루가 없으며, 작은 가지 끝에 20~30개가 하늘을 향해 피고, 길이
3~8㎝. 폭 2~3㎝로 흰색이며 꽃잎처럼 보인다. 열매는 10월에 적색으로
익으며 둥글고, 종자를 둘러싸고 있는 껍질은 육질이 달다.

▲ 산딸나무_ 꽃

▲ 산딸나무_ 측면

▲ 산딸나무_ 종자 결실 과정

▲ 산딸나무_ 종자 결실

관리 및 번식요령

▶관리법

조경수로 이용하면 좋다. 물 빠짐이 좋은 곳을 선택하여 4~5m 간격으로 심으면 충분한 간격이 유지되기 때문에 잘 자란다.

▶번식법

1~2년생 가지를 삽목하는 방법과 10월에 결실되는 종자로 한다. 종자는 2년생 발아 종자이기 때문에 냉장 처리를 하거나 땅속에 묻어 다음 해 봄에 꺼내어 화분에 파종하면 발아가 된다.

▶채취방법 : 가을에 완전히 익은 종자를 채취하여 햇볕에 말린다.

▶성분 : isoquercitrin, gallic acid

▶식용법 : 완전히 익은 열매를 그냥 먹거나 생즙을 내서 먹는다.

▶약용부위 : 종자

138 산마늘

- 이 명 : 망부추, 멩이풀, 서수레, 얼룩산마늘, 명이나물
- 생약명 : 각총(茖葱), 산총(山葱), 격총(格葱), 산산(山蒜)
- 학 명 : *Allium microdictyon* Prokh.
- 과 명 : 백합과
- 개화기 : 5~7월

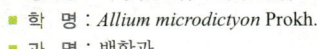

▲ 전초 갑화

▶생육특성

산마늘은 지리산, 설악산, 울릉도의 숲 속이나 우리나라 북부에서 자라는 다년생 초본이다. 생육환경은 토양에 부엽질이 풍부하고 약간의 습기가 있는 반그늘에서 자란다.

▶외형

키는 25~40㎝이고, 잎은 2~3장이 줄기 밑에 붙어서 난다. 잎은 약간 흰빛을 띤 녹색으로, 길이는 20~30㎝, 폭은 3~10㎝가량이다.

▶꽃과 열매

꽃은 줄기 꼭대기에서 흰색으로 뭉쳐서 피며 둥글다. 보통의 마늘과 다른 것은 산마늘의 경우 잎을 주 식용부위로 한다는 것이고 전체에서 마늘 냄새가 난다는 것이다. 뿌리는 한 줄기로 되어 있기 때문에 다른 마늘과도 쉽게 구분이 가능하다.

산마늘을 '명이나물'이라고도 부르는데, 1157년 고려시대 공도정책으로 울릉도에는 사람이 살지 않다가 이후 1882년 조선 고종 때 개척령으로 본토에서 100여 명 이주하였으나 겨울이 되자 가지고 온 식량이 떨어지고 풍랑이 심하여 양식을 구할 길이 없어 굶주림에 시달리다가 눈 속에서 싹이 나오는 이 산마늘을 발견하여 캐어 삶아 먹고 긴 겨울 2~3개월간의 허기를 때우며 생명을 이었다고 해서 '명이나물'이라 부르게 되었다.

▲ 산마늘_ 새순

▲ 산마늘_ 꽃봉오리

▲ 산마늘_ 개화 전

▲ 산마늘_ 꽃

▶관리법

재배하기 까다로운 종이다. 반그늘이며 비옥도가 높은 토양에 물 빠짐이 좋은 화단이어야 한다. 실내에서 키우고자 할 때는 화분 밑에 굵은 자갈을 넣고 퇴비를 많이 넣은 흙에 심는다. 잎이 올라오는 봄에는 물을 2~3일 간격, 잎이 완전히 전개되었을 때는 1~2일 간격으로 준다.

▶ 번식법

이른 봄에 알뿌리를 분리시키는 방법과 8~9월에 종자를 물에 1~2일 정도 담가둔 후 바로 화분이나 화단에 뿌린다. 종자가 발아하는 기간은 1~2개월 걸리기 때문에 새싹이 올라올 때까지의 기간 동안 물 관리가 매우 중요하다.

▶채취방법 : 이른 봄 올라오는 어린잎을 채취하고, 줄기가 없어지는 가을에 구근을 채취하여 이물질을 제거하고 햇볕에 말리거나 생것으로 사용한다.

▶성분 : 정유, 당분, saponin, ascorbic acid, alliin, allicin, allinase, allithiamine, l-glotamyl-S-L-cysteine, vitamin A

▶식용법 : 어린잎은 식용한다.

▶약용부위 : 구근

은방울꽃

박새

- 이 명 : 깻잎나물, 깻잎오리방풀, 애잎나울
- 생약명 : 산박하(山薄荷), 연전초(連錢草)
- 학 명 : *Isodon inflexus* (Thunb.) Kudo
- 과 명 : 꿀풀과
- 개화기 : 6~8월

▲ 전초 압화

▶ 생육특성

산박하는 우리나라 각처의 산지에서 자라는 다년생 초본이다. 생육환경은 햇볕이 잘 들어오는 곳의 토양이 비옥한 곳에서 자란다.

▶ 외형

키는 약 1m이고, 잎은 난형이며 톱니가 있으며 길이는 3~6㎝, 폭은 2~4㎝이다.

▶ 꽃과 열매

꽃은 하늘색으로 줄기 아래에서 위쪽으로 올라가면서 핀다. 열매는 9~10월경에 달린다.

▲ 산박하_ 새순 올라오는 모습

▲ 산박하_ 잎과 줄기

▲ 산박하_ 개화 전

▲ 산박하_ 개화 직전

▲ 산박하_ 꽃

▶관리법 : 화단 주변에 나무가 많이 있는 곳에 심는다. 심기 전 흙 속에 유기질이 많은 퇴비를 넣으면 좋다.

▶번식법 : 9∼10월에 열리는 종자를 받아 바로 화분에 뿌린다. 포기나누기는 이듬해 봄에 한다.

▶채취방법 : 이른 봄 어린잎을 채취하여 이물질을 제거하고 햇볕에 말리거나 생으로 먹는다.

▶식용법 : 어린잎은 식용하고 밀원용으로도 사용한다.

▶약용부위 : 어린잎

박하

140 산비장이

- 이 명 : 큰산나물, 산비쟁이
- 생약명 : 조선마화두(朝鮮麻花頭)
- 학 명 : *Serratula coronata* var. *insularis* (Iljin) Kitam. for. *insularis*
- 과 명 : 국화과
- 개화기 : 8~10월

▶ 생육특성

산비장이는 우리나라 각처의 산지에서 자라는 다년생 초본이다. 생육환경은 숲 속의 양지쪽 약간 건조한 땅에서 자란다.

전초 압화 ▶

▶ 외경

키는 30~140㎝이고, 잎은 6~7쌍의 갈래로 나누어져 있다. 잎의 가장자리는 불규칙한 톱니 모양을 하고 있으며, 잎자루 길이는 11~30㎝ 정도 되고 표면은 녹색이고 뒷면은 흰색이다.

▶ 꽃과 열매

꽃은 황록색으로 지름은 3~4㎝이고 줄기 끝과 가지 끝에 1개씩 달린다. 열매는 11월에 익으며 갈색으로 된 갓털이 종자 끝에 달린다.

▲ 산비장이_ 잎 올라오는 모습

▲ 산비장이_ 꽃봉오리

▲ 산비장이_ 꽃

▲ 산비장이_ 종자 결실

▶채취방법

이른 봄에 어린잎을 채취하고, 가을에 전초를 채취하여 이물질을 제거하고 햇볕에 말린다.

▶성분 : flavonoid

▶식용법 : 어린순을 나물로 한다.

▶약용부위 : 전초

엉겅퀴

141 산솜다리

- 이 명 : 참솜다리
- 학 명 : *Leontopodium leiolepis* Nakai
- 과 명 : 국화과
- 개화기 : 5~6월

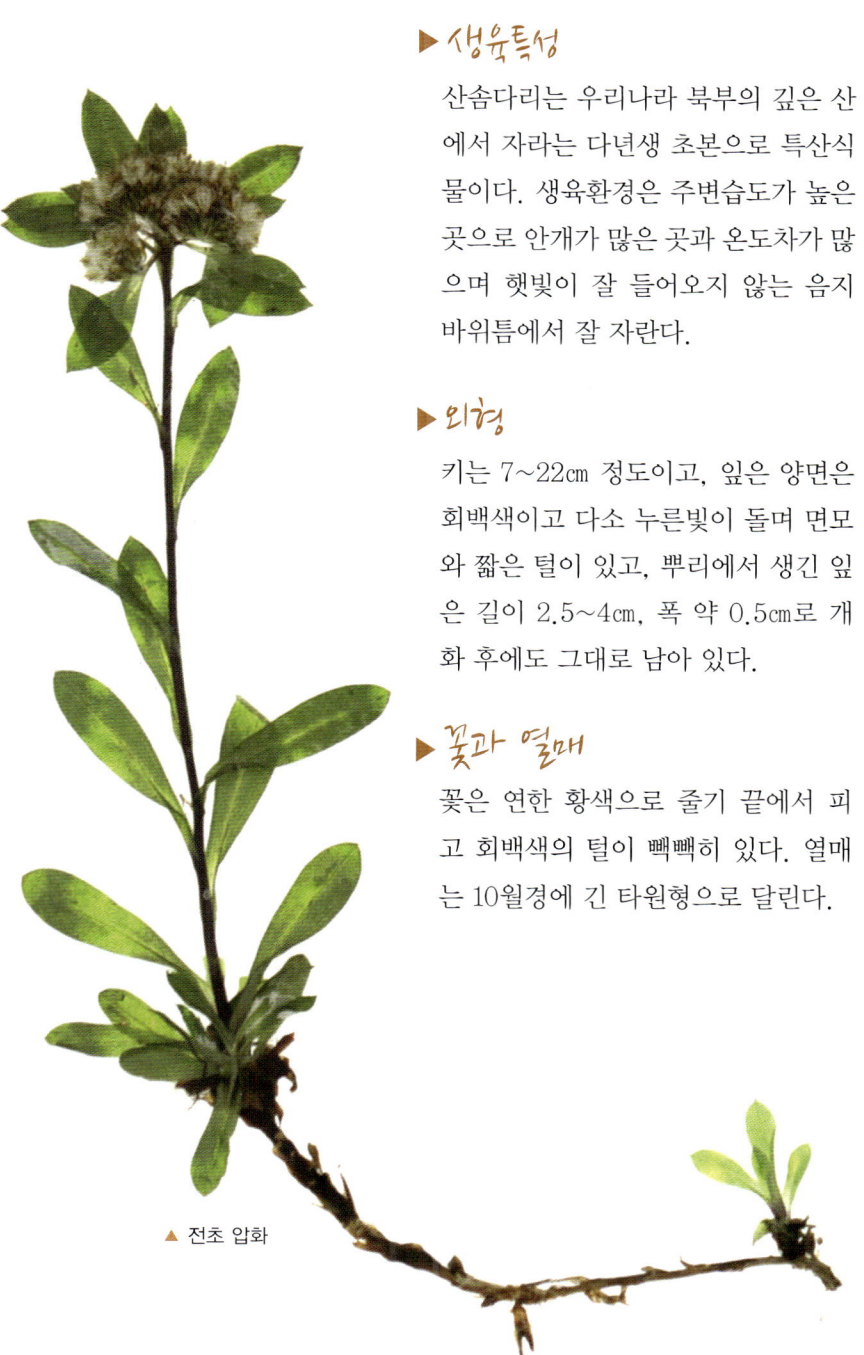

▶생육특성

산솜다리는 우리나라 북부의 깊은 산에서 자라는 다년생 초본으로 특산식물이다. 생육환경은 주변습도가 높은 곳으로 안개가 많은 곳과 온도차가 많으며 햇빛이 잘 들어오지 않는 음지 바위틈에서 잘 자란다.

▶외형

키는 7~22㎝ 정도이고, 잎은 양면은 회백색이고 다소 누른빛이 돌며 면모와 짧은 털이 있고, 뿌리에서 생긴 잎은 길이 2.5~4㎝, 폭 약 0.5㎝로 개화 후에도 그대로 남아 있다.

▶꽃과 열매

꽃은 연한 황색으로 줄기 끝에서 피고 회백색의 털이 빽빽히 있다. 열매는 10월경에 긴 타원형으로 달린다.

▲ 전초 압화

▲ 산솜다리_ 새순 올라오는 모습

▲ 산솜다리_ 잎

▲ 산솜다리_ 꽃

▲ 산솜다리_ 무리

·관리 및 번식요령

▶ **관리법**

고산지대에서 자라는 식물이어서 재배하기 어려운 품종이다.

▶ **번식법**

포기나누기는 가을이나 이른 봄에 뿌리를 나누는 것이 가능하고 10월경에 받은 종자를 바로 뿌리는 방법이 있다. 하지만 고지대가 아닌 지역에서의 종자 발아율은 매우 저조한 편이다.

▶ **용도 : 관상용**

·유사 식물

왜솜다리

142 산솜방망이

- 이　명 : 두메솜방망이, 산솜방맹이
- 생약명 : 산구설초(山狗舌草), 홍륜천리광(紅輪千里光)
- 학　명 : *Tephroseris flammea* (Turcz. ex DC.) Holub
- 과　명 : 국화과
- 개화기 : 8월

▶ 생육특성

산솜방망이는 제주도 한라산, 지리산, 강원도의 깊은 산에서 자라는 다년생 초본이다. 생육환경은 반그늘의 물 빠짐이 좋고 토양이 비옥한 곳에서 자란다.

▶ 외형

키는 15~40㎝이고, 잎은 긴 타원형으로 길이는 8~9㎝, 폭이 약 2.5㎝로 불규칙한 톱니가 있고 잎자루는 끝이 둥글고 짧은 털과 거미줄 같은 털이 있으며 긴 타원형이다.

▶ 꽃과 열매

꽃은 적황색으로 지름은 약 3.0㎝이고, 원줄기 끝에 2~7개가 달리며 수술과 암술은 윗부분에 돌출되어 있고 꽃잎은 아래로 처져 마치 시드는 듯한 모습을 하고 있다. 열매는 10월경에 길이 약 0.5㎝ 정도의 흰색 갓털이 달려 있고 종자는 긴 타원형으로 길이는 약 0.3㎝이다. 한국 특산식물로 보호종이다.

▲ 산솜방망이_ 잎

▲ 산솜방망이_ 줄기

▲ 산솜방망이_ 꽃봉오리

▲ 산솜방망이_ 개화 직전

▲ 산솜방망이_ 꽃

▲ 산솜방망이_ 종자 결실

▶ **관리법**

고산식물로 재배하기 어려운 품종이다. 우리나라 특산식물이면서 멸종 위기종으로 분류되어 있어 재배 및 판매가 금지된 품종이다. 원예용으로 개발되어 시중에 유사종이 시중에 많이 판매되고 있다.

▶ **번식법**

10월에 받은 종자를 바로 뿌리거나 종이에 싸서 냉장고에 보관 후 이듬해 봄에 뿌린다. 이듬해 봄에 종자를 뿌릴 때는 2월경에 뿌리는 것이 좋은데 그 이유는 종자의 새순이 올라오는 시기가 고온이면 잎이 고사하기 때문이다.

▶ **채취방법**

꽃이 시든 가을에 전초를 채취하여 이물질을 제거하고 햇볕에 말린 후 사용한다.

▶ **성분** : cyanidin, glucoside

▶ **약용부위** : 전초

유사 식물

솜방망이

물솜방망이

143 산수국

- 이　명 : 털수국, 털산수육
- 생약명 : 토상산(土常山)
- 학　명 : *Hydrangea serrata* for. *acuminata* (Siebold & Zucc.) Wilson
- 과　명 : 범의귀과
- 개화기 : 6~8월

▲ 전초 압화

▶생육특성

산수국은 우리나라 중부 이남의 산에서 자라는 낙엽활엽교목이다. 생육환경은 산골짜기나 돌무더기의 습기가 많은 곳에서 자란다.

▶외형

키는 약 1m 내외이고, 잎은 난형으로 끝이 꼬리처럼 길고 날카로우며 가장자리에 날카로운 톱니가 나 있다. 잎 길이는 5~15㎝, 폭은 2~10㎝ 정도로 표면에 난 줄과 뒷면 줄 위에만 털이 있다.

▶꽃과 열매

꽃은 희고 붉은색이 도는 하늘색으로 수술과 암술을 가운데 두고 앞에는 지름 2~3㎝ 정도의 무성화가 있다. 열매는 9~10월에 익으며 이 시기 꽃 색은 갈색으로 변해 있다. 이처럼 꽃 색이 변하는 것은 꽃이 아닌 것이 꽃으로 되어 있기 때문인데 처음에는 희고 붉은색이지만 종자가 익기 시작하면 다시 갈색으로 변하면서 무성화는 꽃줄기가 뒤틀어진다. 관상용으로 쓰인다.

▲ 산수국_ 잎과 줄기

▲ 산수국_ 꽃봉오리

▲ 산수국_ 꽃(앞의 흰꽃은 무성화)

▲ 산수국_ 무성화 변하는 모습(주변부의 흰꽃은 무성화)

▲ 산수국_ 종자 결실 상태에서 겨울을 지낸 모습   ▲ 산수국_ 종자 결실

관리 및 번식요령

▶관리법

물 빠짐이 좋은 반그늘이나 양지의 화단에 심는다. 잎이 많아지는 여름에는 매일 물을 주고 그 외 계절에는 2~3일 간격으로 준다. 화분에 심어 관리하려면 큰 화분 밑에 자갈을 넣어 물 빠짐을 좋게 해 준다.

▶번식법

이른 봄 새순이 나오면 새싹을 포기나누기하고, 가을에는 새로 나온 가지를 잘라 삽목을 해도 된다. 종자는 9~10월에 결실된 것을 이른 봄까지 저장 후 화분에 뿌린다.

▶채취방법

연중 어느 때나 상관없이 채취하고 뿌리는 파서 물에 담갔다가 이물질을 제거하고 햇볕에 말린다. 약성이 가장 좋은 것은 겨울에 채취하여 말린 것이다.

▶약용부위 : 뿌리

⑭ 산씀바귀

- 이 명 : 산꼬들빽이, 산왕고들빼기
- 생약명 : 백룡두(白龍頭), 산와거(山萵苣)
- 학 명 : *Lactuca raddeana* Maxim.
- 과 명 : 국화과
- 개화기 : 8~10월

▶생육특성

산씀바귀는 우리나라 각처의 산과 들에서 자라는 1~2년생 초본이다. 생육환경은 햇볕을 많이 받는 곳이나 반그늘에서 자라며 토양이 비옥하거나 척박해도 잘 자란다.

▶외형

키는 65~150㎝이고, 잎은 중앙에 있는 것은 길이가 8~11㎝이고 무잎처럼 갈라지고 표면은 붉은빛이 도는 녹색으로 털이 약간 있고 뒷면은 회청색이며 끝은 뾰족하고 톱니가 있고 가장자리에는 톱니가 있다.

▶꽃과 열매

꽃은 황색으로 원줄기 끝에 달린다. 열매는 9~10월경에 길이 약 0.6㎝ 정도로 흰색 또는 황갈색 관모가 있고 납작하게 달리며 황색이다. 뿌리와 잎은 식용한다.

▲ 전초 압화

▲ 산씀바귀_ 잎과 줄기

▲ 산씀바귀_ 꽃봉오리

▲ 산씀바귀_ 꽃

관리 및 번식요령

▶ **관리법** : 물이 잘 빠지는 경사지 햇볕이 잘 드는 곳에 심는다. 개화기간이 긴 식물이어서 눈에 잘 보이는 곳에 심고, 물은 2~3일 간격으로 준다. 봄에 나오는 씀바귀와 고들빼기와 같이 혼식해도 좋다.

▶ **번식법** : 10월경에 받은 종자를 상온이나 냉장고에 보관 후 이듬해 봄에 뿌린다.

▶ **식용법** : 어린잎과 뿌리를 먹는다.

▶ **약용부위** : 뿌리(백룡두), 전초(산와거)

유사 식물

지리고들빼기

이고들빼기